3D 打印技术系列丛书

丛书主编　沈其文　王晓斌

黏结剂喷射与熔丝制造 3D 打印技术

主编　王运赣　王　宣

参编　魏俊杰　周建东　秦　岭　任　毅

　　　覃　琴　黄　强　张崇伦　张素娟

　　　马文生　苏智铭　王金宏

西安电子科技大学出版社

内 容 简 介

本书内容共 3 章，分别为 3D 打印技术概述、黏结剂喷射式 3D 打印和熔丝制造式 3D 打印，较为详细地介绍了 3D 打印技术的工作原理、3D 打印机的种类及主流机型、3D 打印技术的应用与发展；黏粘剂喷射式 3D 打印机和熔丝制造式 3D 打印机的工作原理和型式、打印工艺分析、打印机操作、打印机使用的成形材料和典型应用。

本书可供从事 3D 打印技术的研发人员学习参考，亦可作为大中专和职业院校专业教材使用。

图书在版编目(CIP)数据

黏结剂喷射与熔丝制造 3D 打印技术/王运赣，王宣主编.
一西安：西安电子科技大学出版社，2016.9
（3D 打印技术系列丛书）
ISBN 978 - 7 - 5606 - 4265 - 9

Ⅰ. ① 黏… Ⅱ. ① 王… ② 王… Ⅲ. ① 立体印刷－印刷术 Ⅳ. ① TS853

中国版本图书馆 CIP 数据核字(2016)第 217348 号

策 划 陈 婷
责任编辑 陈 婷
出版发行 西安电子科技大学出版社(西安市太白南路 2 号)
电 话 (029)88242885 88201467 邮 编 710071
网 址 www.xduph.com 电子邮箱 xdupfxb001@163.com
经 销 新华书店
印刷单位 陕西百花印务有限责任公司分公司
版 次 2016 年 9 月第 1 版 2016 年 9 月第 1 次印刷
开 本 787 毫米×960 毫米 1/16 印 张 10
字 数 172 千字
印 数 1～2000 册
定 价 36.00 元
ISBN 978 - 7 - 5606 - 4265 - 9/TS

XDUP 4557001 - 1

序

    3D打印技术又称为快速成形技术或增材制造技术，该技术在20世纪70年代末到80年代初期起源于美国，是近30年来世界制造技术领域的一次重大突破。3D打印技术是光学、机械、电气、计算机、数控、激光以及材料科学等技术的集成，它能将数学几何模型的设计迅速、自动地物化为具有一定结构和功能的原型或零件。3D打印技术改变了传统制造的理念和模式，是制造业最具有代表性的颠覆技术。3D打印技术解决了国防、航空航天、交通运输、生物医学等重点领域高端复杂精细结构关键零部件的制造难题，并提供了应用支撑平台，有极为重要的应用价值，对推进第三次工业革命具有举足轻重的作用。随着3D打印技术的快速发展，其应用将越来越普及。

    在新的世纪，随着信息、计算机、材料等技术的发展，制造业的发展将越来越依赖于先进制造技术，特别是3D打印制造技术。2015年国务院发布的《中国制造2025》中，3D打印技术及其装备被正式列入十大重点发展领域。可见，3D打印技术已经被提升到国家重要战略基础产业的高度。3D打印先进制造技术的发展需要大批创新型的人才，这对工科院校、特别是职业技术院校及职业技校学生的培养提出了新的要求。

    我国3D打印技术正在快速成长，其应用范围不断扩大，但3D打印技术的推广与应用尚在起步阶段，3D打印技术人才极度匮乏，因此，出版一套高水平的3D打印技术系列丛书，不仅可以让最新的学术科研成果以著作的方式指导从事3D打印技术研发的工程技术人员，以进一步提高我国"智能制造"行业技术研究的整体水平，同时对人才培养、技术提升及3D打印产业的发展也具有重大意义。

    本丛书主要介绍3D打印技术原理、主流机型系列的工艺成形原理、打印材料的选用、实际操作流程以及三维建模和图形操作软件的使用。本丛书共五册，分别为：《液态树脂光固化3D打印技术》(莫健华主编)、《选择性激光烧结3D打印技术》(沈其文主编)、《黏结剂喷射与熔丝制造3D打印技术》(王运赣、王宣主编)、《选择性激光熔化3D打印技术》(陈国清主编)、《三维测量技术及应用》(李中伟主编)。

　　本丛书由广东奥基德信机电有限公司与西安电子科技大学出版社共同策划，由华中科技大学自 20 世纪 90 年代末就从事 3D 打印技术研发并具有丰富实践经验的教授，结合国内外典型的 3D 打印机及广东奥基德信机电有限公司的工业级 SLS、SLM、3DP、SLA、FFF(FDM)3D 打印机和三维扫描仪等代表性产品的特性以及其他各院校、企业产品的特性进行编写，其中沈其文教授对每本书的编写思路、目录和内容均进行了仔细审阅，并从整体上确定全套丛书的风格。

　　由于编写时间仓促，且要兼顾不同层次读者的需求，本书涉及的内容非常广泛，丛书中的不当之处在所难免，敬请读者批评指正。

编　者

2016 年 6 月于广东佛山

前　言

　　黏结剂喷射式 3D 打印和熔丝制造式 3D 打印是增材制造的两种主要工艺方法，这两种类型的 3D 打印都起始于 1993 年，至今已有 20 多年的历史。

　　长期以来，黏结剂喷射式 3D 打印可采用的材料比较少，通常仅有石膏粉、淀粉等有限的几种，其成形件的强度较低，往往必须在后处理工序中予以补救，非常麻烦，致使这种工艺的应用受到很大的限制。随着适用于黏结剂喷射式 3D 打印的一些塑料粉的出现，使这种局面在近年来有了很大的变化。黏结剂喷射式 3D 打印技术能打印高强度的连续渐变色的全彩色柔性塑料件，而且还能用作熔模铸造模，成为增材制造中的一枝独秀；黏结剂由有机材料向无机材料的变化，使得打印高强度的大型铸造砂模成为可能；更令人振奋的是，黏结剂喷射式 3D 打印在新型给药系统的制作上取得了突破性的进展，首款采用黏结剂喷射式 3D 打印技术制作的抗癫痫药已在美国正式上市。

　　熔丝制造式 3D 打印也经历了类似的过程，在相当长的时间，这种工艺一般采用 ABS 塑料丝为成形材料，打印件的精度不够理想，而且在打印过程中不得不用保温措施来减少工件的翘曲变形。近年来，廉价桌面式熔丝制造 3D 打印机的大量涌现，以改性聚乳酸为代表的高性能环保塑料丝的出现，使得这种 3D 打印技术的应用范围迅速扩大，从而为增材制造技术的普及与推广创造了全新的局面。

　　基于上述情况，我们编写了这本以黏结剂喷射式与熔丝制造式 3D 打印为主体的书籍，希望读者喜欢。

王运赣

2016 年 3 月于上海

目　　录

第 1 章　3D 打印技术概述

3D 打印技术改变了传统制造的理念和模式，是制造业有代表性的颠覆技术，也是近 30 年来世界制造技术领域的一次重大突破。3D 打印技术解决了国防、航空航天、机械制造、交通运输、生物医学等重点领域关键零部件的制造难题，并提供了应用支撑平台，有极为重要的应用价值，对推进第三次工业革命具有举足轻重的作用。随着 3D 打印技术的快速发展，其应用将越来越普及。

1.1　3D 打印技术简介

1.1.1　3D 打印技术的概念

机械制造技术大致分为如下三种方式：

（1）减材制造：一般是用刀具进行切削加工或采用电化学方法去除毛坯中不需要的材料，剩下的部分即是所需加工的零件或产品。

（2）等材制造：利用模具成形，将液体或固体材料变为所需结构的零件或产品。铸造、锻压等均属于此种方式。

减材制造与等材制造均属于传统的制造方法。

（3）增材制造：也称 3D 打印，是近 20 年发展起来的先进制造技术，它无需刀具及模具，是用材料逐层累积叠加制造所需实体的方法。

3D 打印(Three Dimensional Printing, 3DP)技术在学术上又称为"添加制造"(Additive Manufacturing, AM)技术，也称为增材制造或增量制造。根据美国材料与试验协会(ASTM) 2009 年成立的 3D 打印技术委员会(F42 委员会)公布的定义，3D 打印技术是一种与传统材料加工方法截然相反的，基于三维 CAD 模型数据并通过增加材料逐层制造的方式，是一种直接制造与数学模型完全一致的三维物理实体模型的制造方法。3D 打印技术内容涵盖了与产品生命周期前端的"快速原型"(Rapid Prototyping, RP)和全生产周期的"快速制造"(Rapid Manufacturing, RM) 相关的所有工艺、技术、设备类别及应用。

3D打印技术在20世纪80年代后期起源于美国，是最近20多年来世界制造技术领域的一次重大突破。它能将已具数学几何模型的设计迅速、自动地物化为具有一定结构和功能的原型或零件。

分层制造技术(Layered Manufacturing Technique，LMT)、实体自由制造(Solid Freeform Fabrication，SEF)、直接CAD制造(Direct CAD Manufacturing，DCM)、桌面制造(Desktop Manufacturing，DTM)、即时制造(Instant Manufacturing，IM)与3D打印技术具有相似的内涵。3D打印技术获得零件的途径不同于传统的材料去除或材料变形方法，而是在计算机控制下，基于离散/堆积原理采用不同方法堆积材料最终完成零件的成形与制造。从成形角度看，零件可视为由点、线或面叠加而成。3D打印就是从CAD模型中离散得到点、面的几何信息，再与成形工艺参数信息结合，控制材料有规律、精确地由点到面，由面到体地堆积出所需零件。从制造角度看，3D打印根据CAD造型生成零件的三维几何信息，转化为相应的指令后传输给数控系统，通过激光束或其他方法使材料逐层堆积而形成原型或零件，无需经过模具设计制作环节，极大地提高了生产效率，大大降低了生产成本，特别是极大地缩短了生产周期，被誉为制造业中的一次革命。

3D打印技术集中体现了CAD、建模、测量、接口软件、CAM、精密机械、CNC数控、激光、新材料和精密伺服驱动等先进技术的精粹，采用了全新的叠加成形法，与传统的去除成形法有本质的区别。3D打印技术是多种学科集成发展的产物。

3D打印不需要刀具和模具，利用三维CAD模型在一台设备上可快速而精确地制造出结构复杂的零件，从而实现"自由制造"，解决传统制造工艺难以加工或无法加工的局限性，并大大缩短了加工周期，而且越是结构复杂的产品，其制造局限性的改善越明显。近20年来，3D打印技术取得了快速发展。3D打印制造原理结合不同的材料和实现工艺，形成了多种类型的3D打印制造技术及设备，目前全世界3D打印设备已多达几十种。3D打印制造技术在消费电子产品、汽车、航空航天、医疗、军工、地理信息、建筑及艺术设计等领域已被大量应用。

1.1.2　3D打印技术的发展史

3D打印技术的发展起源可追溯至20世纪70年代末到80年代初期，美国3M公司的Alan Hebert (1978年)、日本的小玉秀男(1980年)、美国UVP公司的Charles Hull(1982年)和日本的丸谷洋二(1983年)四人各自独立提出了 3D 打印的概念。1986 年，Charles Hull 率先提出了光固化成形（Stereo Lithography Apparatus，SLA），这是 3D 打印技术发展的一个里程碑。同年，他创立了世界上第一家 3D 打印设备的 3D Systems 公司。该公司于 1988 年生产出了世界上第一台 3D 打印机 SLA‐250。1988 年，美国人 Scott Crump 发明了另外一种 3D 打印技术——熔融沉积成形（Fused Deposition Modeling，FDM），并成立了 Stratasys 公司。现在根据美国材料与试验协会（ASTM）2009 年成立的 3D 打印技术委员会（F42 委员会）公布的定义，该种成形工艺已重新命名为熔丝制造成形（Fused Filament Fabrication，FFF）。1989 年，C. R. Dechard 发明了选择性激光烧结成形（Selective Laser Sintering，SLS）。1993 年麻省理工大学教授 EmanualSachs 发明了一种全新的 3D 打印技术（Three Dimensional Printing，3DP）。这种技术类似于喷墨打印机，通过向金属、陶瓷等粉末喷射黏结剂的方式将材料逐片成形，然后进行烧结制成最终产品。这种技术的优点在于制作速度快，价格低廉。随后，Z Corporation 获得了麻省理工大学的许可，利用该技术来生产 3D 打印机，"3D 打印机"的称谓由此而来。此后，以色列人 Hanan Gothait 于 1998 年创办了 Objet Geometries 公司，并于 2000 年在北美推出了可用于办公室环境的商品化 3D 打印机。

近年来，3D 打印有了快速的发展。2005 年，Z Corporation 发布 Spectrum Z510，这是世界上第一台高精度彩色添加制造机。同年，英国巴恩大学的 Adrian Bowyer 发起开源 3D 打印机项目 RepRap，该项目的目标是做出"自我复制机"，通过添加制造机本身，能够制造出另一台添加制造机。2008 年，第一版 RepRap 发布，代号为"Darwin"，它的体积仅一个箱子大小，能够打印自身元件的 50％。2008 年，美国旧金山一家公司通过添加制造技术首次为客户定制出了假肢的全部部件。2009 年，美国 Organovo 公司首次使用添加制造技术制造出人造血管。2011 年，英国南安普敦大学工程师打印出了世界首架无人驾驶飞机，造价 5000 英镑。2011 年，Kor Ecologic 公司推出世界上第一辆从表面到零部件都由 3D 打印机打印制造的车"Urbee"，Urbee 在城市时速可达 100 英里（注：1 英里≈1.609 千米），而在高速公路上则可飙升到 200 英里，汽油和甲醇都可以作为它的燃料。2011 年，I. Materialis 公司提供以 14K 金和纯银为原材料的 3D 打印服务。随后还有新加坡的 KINERGY 公司、日本的 KIRA 公司、英国 Renishaw 等许多公司加入到了 3D 打印行业。

国内进行 3D 打印制造技术的研究比国外晚，始于 20 世纪 90 年代初，清华大学、华中科技大学、北京隆源自动成形有限公司及西安交通大学先后于 1991—1993 年间开始研发制造 FDM、LOM、SLS 及 SLA 等国产 3D 打印系统，随后西北工业大学、北京航空航天大学、中北大学、北方恒立科技有限公司、湖南华曙公司、上海联泰公司等单位迅速加入3D打印的研发行列之中，这些单位和企业在3D打印原理研究、成形设备开发、材料和工艺参数优化研究等方面做了大量卓有成效的工作，有些单位开发的3D打印设备已接近或达到商品化机器的水平。

随着工艺、材料和装备的日益成熟，3D打印技术的应用范围不断扩大，从制造设备向制造生活产品发展。新兴3D打印技术可以直接制造各种功能零件和生活物品，可以制造电子产品绝缘外壳、金属结构件、高强度塑料零件、劳动工具、橡胶制件、汽车及航空高温用陶瓷部件及各类金属模具等，还可以制造食品、服装、首饰等日用产品。其中，高性能金属零件的直接制造是3D打印技术发展的重要标志之一，2002年德国成功研制了选择性激光熔化3D打印设备(Selective Laser Melting, SLM)，可成形接近全致密的精密金属制件和模具，其性能可达到同质锻件水平，同时电子束熔化(Electron Beam Melting, EBM)、激光近净成形等技术与装备涌现了出来。这些技术面向航空航天、武器装备、汽车/模具及生物医疗等高端制造领域，可直接成形复杂和高性能的金属零部件，解决一些传统制造工艺难以加工甚至无法加工的零部件制造难题。

美国《时代》周刊曾将3D打印制造列为"美国十大增长最快的工业"。如同蒸汽机、福特汽车流水线引发的工业革命，3D打印是"一项将要改变世界的技术"，已引起全球的关注。英国《经济学人》杂志指出，它将"与其他数字化生产模式一起，推动并实现第三次工业革命"，认为"该技术将改变未来生产与生活模式，实现社会化制造"。每个人都可以用3D打印设备开办工厂，这将改变制造商品的方式，并改变世界经济的格局，进而改变人类的生活方式。美国总统奥巴马在2012年提出了发展美国、振兴制造业计划，启动的首个项目就是"3D打印制造"。该项目由国防部牵头，众多制造企业、大专院校以及非营利组织参加，其任务是研发新的3D打印制造技术与产品，使美国成为全球最优秀的3D打印制造中心，使3D打印制造技术成为"基础研发与产品研发"之间的纽带。美国政府已经将3D打印制造技术作为国家制造业发展的首要战略任务予以支持。

3D打印象征着个性化制造模式的出现，在这种模式下，人类将以新的方式合作来进行生产制造，制造过程与管理模式将发生深刻变革，现有制造业格局必将被打破。当前，我国制造业已经将大批量、低成本制造的潜力发挥到极致，未来制造业的竞争焦点将会由创新所主导，3D打印技术就是满足创新开发的有力工具，3D打印技术的应用普及程度将会在一定程度上表征一个国家的创新能力。

1.1.3 3D 打印技术的特点和优势

1. 制造更快速、更高效

3D 打印制造技术是制作精密复杂原型和零件的有效手段。利用 3D 打印制造技术由产品 CAD 数据或从实体反求获得的数据到制成 3D 原型，一般只需几小时到几十个小时，速度比传统成形加工方法快得多。3D 打印制造工艺流程短，全自动，可实现现场制造，因此，制造更快速、更高效。随着互联网的发展，3D 打印制造技术还可以用于提供远程制造服务，使资源得到充分利用，用户的需求得到最快的响应。

2. 技术高度集成

3D 打印制造技术是 CAD、数据采集与处理、材料工程、精密机电加工与 CNC 数字控制技术的综合体现。设计制作一体化(即 CAD/CAM 一体化)是 3D 打印技术的另一个显著特点。在传统的 CAD/CAM 技术中，由于成形技术的局限，致使设计制造一体化很难实现。而 3D 打印技术采用的是离散/堆积分层制作工艺，可以实现复杂的成形，因而能够很好地将 CAD/CAM 结合起来，实现设计与制造的一体化。

3. 堆积制造，自由成形

自由成形的含义有两方面：其一是指可根据 3D 原型或零件的形状，无需使用工具与模具而自由地成形；其二是指以"从下而上"的堆积方式实现非匀质材料、功能梯度材料的器件更有优势，不受形状复杂程度限制，能够制造任意复杂形状与结构、不同材料复合的 3D 原型或零件。

4. 制造过程高度柔性化

降维制造(分层制造)把三维结构的物体先分解成二维层状结构，逐层累加形成三维物品。因此，原理上 3D 打印技术将任何复杂的结构形状转换成简单的二维平面图形，而且制造过程更柔性化。3D 打印取消了专用工具，可在计算机管理和控制下制造出任意复杂形状的零件，制造过程中可重新编程、重新组合、连续改变生产装备，并通过信息集成到一个制造系统中。设计者不受零件结构工艺性的约束，可以随心所欲设计出任何复杂形状的零件。可以说，"只有想不到，没有做不到"。

5. 直接制造组合件和可选材料的广泛性

任何高性能难成形的拼合零部件均可通过 3D 打印方式一次性直接制造出

来，不需要工模具通过组装拼接等复杂过程来实现。3D打印制造技术可采用的材料十分广泛，可采用树脂、塑料、纸、石蜡、复合材料、金属材料或者陶瓷材料的粉末、箔、丝、小块体等，也可是涂覆某种黏结剂的颗粒、板、薄膜等材料。

6. 广泛的应用领域

除了制造3D原型以外，3D打印技术还特别适用于新产品的开发、快速单件及小批量零件的制造、不规则零件或复杂形状零件的制造、模具及模型设计与制造、外形设计检查、装配检验、快速反求与复制，以及难加工材料的制造等。这项技术不仅在制造业的产品造型与模具设计领域，而且在材料科学与工程、工业设计、医学科学、文化艺术、建筑工程、国防及航空航天等领域都有着广阔的应用前景。

综上所述3D打印技术具有的优势如下：

(1) 从设计和工程的角度出发，可以设计更加复杂的零件。

(2) 从制造角度出发，减少设计、加工、检查的工序，可大大缩短新品进入市场的时间。

(3) 从市场和用户角度出发，减少风险，可实时地根据市场需求低成本地改变产品。

1.2　3D打印技术的工作原理

3D打印(Three Dimensional Printing，3DP)技术是一种依据三维CAD设计数据，将所采用的离散材料(液体、粉末、丝材、片材、板或块料等)自下而上逐层叠加制造所需实体的技术。自20世纪80年代以来，3D打印制造技术逐步发展，期间也被称为材料增材制造 (Material Increase Manufacturing)、快速原型(Rapid Prototyping)、分层制造 (Layered Manufacturing)、实体自由制造(Solid Freeform Fabrication)、3D喷印(3D Printing)等。这些名称各异，但其成形原理均相同。

3D打印技术不需要刀具和模具，利用三维CAD数据在一台设备上可快速而精确地制造出复杂的结构零件，从而实现"自由制造"，解决传统工艺难加工或无法加工的局限，并大大缩短了加工周期，而且越是复杂结构的产品，其制造速度的提升越显著。3D打印技术集中了CAD、CAM、CNC、激光、新材料和精密伺服驱动等先进技术的精粹，采用了全新的叠加堆积成形法，与传统的去除成形法有本质的区别。

3D 打印技术的基本原理是将所需成形工件的复杂三维形体用计算机软件辅助设计技术(CAD)完成一系列数字切片处理,将三维实体模型分层切片,转化为各层截面简单的二维图形轮廓,类似于高等数学中的微分过程;然后将切片得到的二维轮廓信息传送到 3D 打印机中,由计算机根据这些二维轮廓信息控制激光器(或喷嘴)选择性地切割片状材料(或固化液态光敏树脂,或烧结热熔材料,或喷射热熔材料),从而形成一系列具有一个微小厚度的片状实体,再采用黏结、聚合、熔结、焊接或化学反应等手段使其逐层堆积叠加成为一体,制造出所设计的三维模型或样件,这个过程类似于高等数学中的定积分模式。因此,3D 打印的原理是三维➡二维➡三维的转换过程。3D 打印技术堆积叠层的基本原理过程如图 1-1 所示。

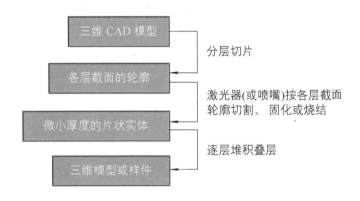

图 1-1　3D 打印技术堆积叠层的基本原理过程图

图 1-2 所示为花瓶的 3D 打印实例过程步骤。首先用计算机软件建立花瓶的 3D 数字化模型图(见图 1-2(a));然后用切片软件将该立体模型分层切片,得到各层的二维片层轮廓(见图 1-2(b));之后在 3D 打印机工作台平面上逐层选择性地添加成形材料,并用激光成形头将激光束(或用 3D 打印机的打印头喷嘴喷射黏结剂、固化剂等)对花瓶的片层截面进行扫描,使被扫描的片层轮廓加热或固化,制成一片片的固体截面层(见图 1-2(c));随后工作台沿高度方向移动一个片层厚度;接着在已固化薄片层上面再铺设第二层成形材料,并对第二层材料进行扫描固化;与此同时,第二层材料还会自动与前一层材料黏结并固化在一起。如此继续重复上述操作,通过连续顺序打印并逐层黏合一层层的薄片材料,直到最后扫描固化完成花瓶的最高一层,就可打印出三维立体的花瓶制件(见图 1-2(d))。

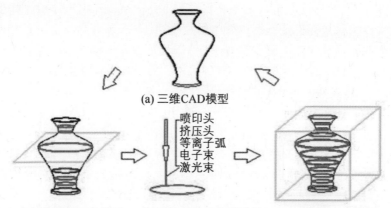

(a) 三维CAD模型

喷印头
挤压头
等离子弧
电子束
激光束

(b) 用切片软件切出模型　(c) 打印成形并固化制件的　(d) 层层叠加二维轮廓，
　　二维片层轮廓　　　　　　二维片层轮廓　　　　　　最终获得三维制件

图1-2　3D打印三维→二维→三维的转换实例

1.3　3D打印技术的全过程

3D打印技术的全过程可以归纳为前处理、打印成形、后处理三个步骤(见图1-3)。

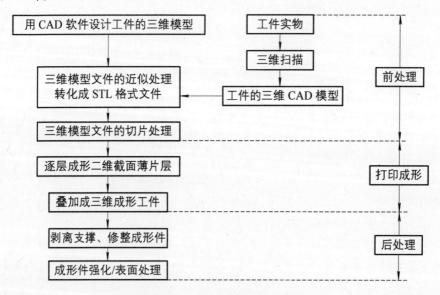

图1-3　3D打印技术的全过程

1. 前处理

前处理包括工件三维 CAD 模型文件的建立、三维模型文件的近似处理与切片处理、模型文件 STL 格式的转化。

2. 打印成形

打印成形是 3D 打印技术的核心,包括逐层成形制件的二维截面薄片层以及将二维薄片层叠加成三维成形制件。

3. 后处理

后处理是对成形后的 3D 制件进行的修整,包括从成形制件上剥离支撑结构、成形制件的强化(如后固化、后烧结)和表面处理(如打磨、抛光、修补和表面强化)等。

1.3.1 工件三维 CAD 模型文件的建立

所有 3D 打印机(或称快速成形机)都是在制件的三维 CAD 模型的基础上进行 3D 打印成形的。建立三维 CAD 模型有以下两种方法。

1. 用三维 CAD 软件设计三维模型

用于构造模型的 CAD 软件应有较强的三维造形功能,即要求其具有较强的实体造形和表面造形功能,后者对构造复杂的自由曲面有重要作用。三维造形软件种类很多,包括 UG、Pro/Engineer、Solid Works、3DMAX、MAYA 等,其中 3DMAX、MAYA 在艺术品和文物复制等领域应用较多。

三维 CAD 软件产生的输出格式有多种,其中常见的有 IGES、STEP、DXF、HPGL 和 STL 等,STL 格式是 3D 打印机最常用的格式。

2. 通过逆向工程建立三维模型

用三维扫描仪对已有工件实物进行扫描,可得到一系列离散点云数据,再通过数据重构软件处理这些点云,就能得到被扫描工件的三维模型,这个过程常称为逆向工程或反求工程(Reverse Engineering)。常用的逆向工程软件有多种,如 Geomagics Studio、Image Ware 和 MIMICS 等。

在逆向工程中,由实物到 CAD 模型的数字化包括以下三个步骤(见图 1-4):

(1) 对三维实物进行数据采集,生成点云数据。

(2) 对点云数据进行处理(对数据进行滤波以去除噪声或拼合等)。

(3) 采用曲面重构技术,对点云数据进行曲面拟合,借助三维 CAD 软件生成三维 CAD 模型。

图 1-4　由实物到 CAD 模型的步骤

1.3.2　三维扫描仪

　　工业中常用的三维扫描仪有接触式和非接触式(激光扫描仪或面结构光扫描仪)。常用的三维扫描仪如图 1-5 所示,其中,接触式单点测量仪(见图 1-5(a))的测量精度高,但价格贵,测量速度慢,而且不适合现场工况,仅适合高精度规则几何体机械加工零件的室内检测;非接触式扫描仪(见图 1-5(b)、(c))采用光电方法可对复杂曲面的三维形貌进行快速测量,其精度能满足逆向工程的需要,而且对物体表面不会造成损伤,最适合文物和仿古现场的复制需要。非接触式扫描仪中面结构光面扫描仪的速度比激光线扫描仪快,应用更广泛。

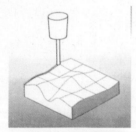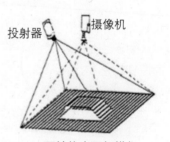

(a) 接触式单点测量仪　　　　(b) 激光线扫描仪　　　　(c) 面结构光面扫描仪

图 1-5　常用三维扫描仪举例

　　面结构光面扫描仪的原理如图 1-5 所示,使用手持式三维测量仪(见图 1-5(a))对被测物体测量时,使用数字光栅投影装置向被测物体投射一系列编码光栅条纹图像并由单个或多个高分辨率的 CCD 数码相机同步采集经物体表面调制而变形的光栅干涉条纹图像(见图 1-5(b)、(c)),然后用计算机软件对采集得到的光栅图像进行相位计算和三维重构等处理,可在极短时间内获得复杂工件表面完整的三维点云数据。

　　面结构光面扫描仪测量速度快,测量精度高(单幅测量精度可达 0.03 毫米),便携性好,设备结构简单,适合于复杂形状物体的现场测量。这种测量仪可广泛应用于常规尺寸(10 mm～5 m)下的工业检测、逆向设计、物体测量和文物复制(见图 1-6)等领域。特别是便携式 3D 扫描仪(见图 1-7)可以快速地对任意尺寸的物体进行扫描，不需要反复移动被测扫描物体，也不需要在物体上做任何标记。这些优势使 3D 扫描仪在文物保护中成为不可缺少的工具。

图 1-6　文物扫描复制图例

图 1-7　便携式 3D 扫描仪

1.3.3　三维模型文件的近似处理与切片处理

建立三维 CAD 模型文件之后，还需要对模型进行近似处理或修复近似处理可能产生的缺陷，再对模型进行切片处理，才能获得 3D 打印机所能接受的模型文件。

1. 三维模型文件的近似处理

由于工件的三维模型上往往有一些不规则的自由曲面，所以成形前必须对其进行近似处理。目前在 3D 打印中最常见的近似处理方法是将工件的三维 CAD 模型转换成 STL 模型，即用一系列小三角形平面来逼近工件的自由曲面。选择不同大小和数量的三角形就能得到不同曲面的近似精度。经过上述近似处理的三维模型称为 STL 模式，它由一系列相连的空间三角形面片组成（见图 1-8）。STL 模型对应的文件称为 STL 格式文件。典型的 CAD 软件都有转换和输出 STL 格式文件的接口。

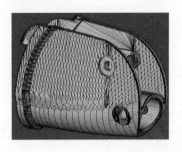

图1-8　STL格式模型

2. 三维模型文件的切片处理

3D打印是按每一层截面轮廓来制作工件的,因此,成形前必须在三维模型上用切片软件沿成形的高度方向,每隔一定的间隔(即切片层高)进行切片处理,以便提取截面的轮廓。层高间隔的大小根据被成形件的精度和生产率的要求选定。层高间隔愈小,精度愈高,但成形时间愈长。层高间隔的范围一般为0.05~0.5 mm,常用0.1~0.2 mm,在此取值下,能得到相当光滑的成形曲面。切片层高间隔选定之后,成形时每一层叠加材料的厚度应与之相适应。显然,切片层的间隔不得小于每一层叠加材料的最小厚度。

1.4　3D打印机的主流机型

3D打印机是叠加堆积成形制造的核心设备,具有截面轮廓成形和截面轮廓堆积叠加两个功能。根据其扫描头成形原理和成形材料的不同,目前这种设备的种类多达数十种。根据采用材料及对材料处理方式的不同,3D打印机可分为以下几类,见图1-9。

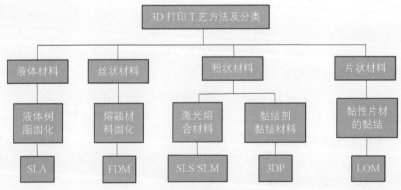

图1-9　3D打印技术主要的成形工艺方法及分类

1.4.1 立体光固化打印机

立体光固化(Stereo Lithography Apparatus, SLA)成形工艺(见图 1-10)是目前最为成熟和广泛应用的一种 3D 打印技术。它以液态光敏树脂为原材料,在计算机的控制下用氦-镉激光器或氩离子激光器发射出的紫外激光束,按预定零件各切片层截面的轮廓轨迹对液态光敏树脂逐点扫描,使被扫描部位的光敏树脂薄层产生光聚合(固化)反应,从而形成零件的一个薄层截面。当一层树脂固化完毕后,工作台将下移一个层厚的距离,使在原先固化好的树脂表面上再覆盖一层新的液态树脂,刮板将黏度较大的树脂液面刮平,然后再进行下一层的激光扫描固化,新固化的一层将牢固地黏合在前一层上,如此重复,直至整个工件层叠完毕,得到一个完整的制件模型。因液态树脂具有高黏性,所以其流动性较差,在每层固化之后液面很难在短时间内迅速抚平,会影响实体的成形精度,因而需要采用刮板刮平。采用刮板刮平后所需要的液态树脂将会均匀地涂覆在上一叠层上,经过激光固化后将得到较好精度的制件,也能使成形制件的表面更加光滑平整。当制件完全成形后,把制件取出并把多余的树脂清理干净,再把支撑结构清除,最后把制件放到紫外灯下照射进行二次固化。

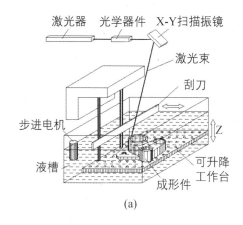

(a)

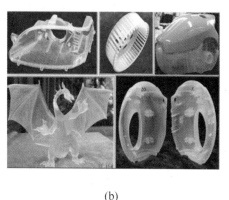

(b)

图 1-10 SLA 的 3D 打印原理及 3D 打印制件图

SLA 成形技术的优点是:整个打印机系统运行相对稳定,成形精度较高,制件结构轮廓清晰且表面光滑,一般尺寸精度可控制在 0.01 mm 内,适合制作结构形状异常复杂的制件,能够直接制作面向熔模精密铸造的中间模。但 SLA成形尺寸有较大的限制,适合比较复杂的中小型零件的制作,不适合制作体积庞大的制件,成形过程中伴随的物理变化和化学变化可能会导致制件变形,因此成形制件需要设计支撑结构。

目前，SLA工艺所支持的材料相当有限(必须是光敏树脂)且价格昂贵。液态光敏树脂具有一定的毒性和气味，材料需要避光保存以防止提前发生聚合反应从而引起成形后的制件变形。SLA成形的成品硬度很低且相对脆弱。此外，使用SLA成形的模型还需要进行二次固化，后期处理相对复杂。

1.4.2 选择性激光烧结打印机

选择性激光烧结(Selective Laser Sintering，SLS)成形工艺最早是由美国德克萨斯大学奥斯汀分校的C. R. Dechard于1989年在其硕士论文中提出的，随后C. R. Dechard创立了DTM公司并于1992年发布了基于SLS技术的工业级商用3D打印机Sinterstation。SLS成形工艺使用的是粉末状材料，激光器在计算机的操控下对粉末进行扫描照射实现材料的烧结黏合，就这样材料层层堆积实现成形。图1-11所示为SLS的成形原理及其制件。

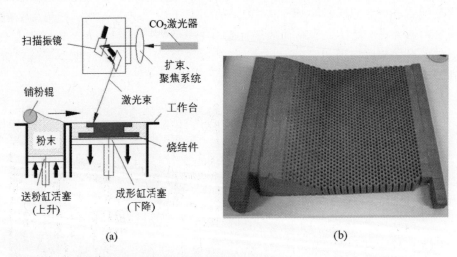

(a)   (b)

图1-11　SLS的成形原理及3D打印制件图

SLS成形的过程为：首先转动铺粉辊或移动铺粉斗等机构将一层很薄的(100～200 μm)塑料粉末(或金属、陶瓷、覆膜砂等)铺平到已成形制件的上表面，数控系统操控激光束按照该层截面轮廓在粉层上进行扫描照射而使粉末的温度升至熔点，从而进行烧结并与下面已成形的部分实现黏结，烧结形成一个层面，使粉末熔融固化成截面形状。当一层截面烧结完后，工作台下降一个层厚，这时再次转动铺粉辊或移动铺粉斗，均匀地在已烧结的粉层表面上再铺一层粉末，进行下一层烧结，如此反复操作直至工件完全成形。未烧结的粉末保留在原位置起支撑作用,这个过程重复进行直至完成整个制件的扫描、烧结,然后去掉打印制件表面上多余的粉末,并对表面进行打磨、烘干等后处理,便可获得具有一定性能的SLS制件。

在SLS成形的过程中,未经烧结的粉末对模型的空腔和悬臂起着支撑的作用,因此SLS成形的制件不像SLA成形的制件那样需要专门设计支撑结构。与SLA成形工艺相比,SLS成形工艺的优点是:

(1) 原型件机械性能好,强度高。

(2) 无须设计和构建支撑。

(3) 可供选用的材料种类多,主要有石蜡、聚碳酸酯、尼龙、纤细尼龙、合成尼龙、陶瓷,甚至还可以是金属,且成形材料的利用率高(几乎为100%)。

SLS成形工艺的缺点是:

(1) 制件表面较粗糙,疏松多孔。

(2) 需要进行后处理。

采用各种不同成分的金属粉末进行烧结,经渗铜等后处理工艺,特别适合制作功能测试零件,也可直接制造具有金属型腔的模具。采用热塑性塑料粉可直接烧结出"SLS蜡模",用于单件小批量复杂中小型零件的熔模精密铸造生产,还可以烧结SLS覆膜砂型及砂芯直接浇注金属铸件。

1.4.3 选择性激光熔化打印机

选择性激光熔化(Selective Laser Melting, SLM)是由德国Fraunhofer激光技术研究所在20世纪90年代首次提出的一种能够直接制造金属零件的3D打印技术。它采用了功率较大($100 \sim 500$ W)的光纤激光器或Ne-YAG激光器,具有较高的激光能量密度和更细小的光斑直径,成形件的力学性能、尺寸精度等均较好,只需简单后处理即可投入使用,并且成形所用的原材料无需特别配制。

SLM的成形原理及3D打印制件如图1-12所示。SLM的成形原理是:采用铺粉装置将一层金属粉末材料铺平在已成形零件的上表面,控制系统控制高能量激光束按照该层的截面轮廓在金属粉层上扫描,使金属粉末完全熔化并与下面已成形的部分实现熔合。当一层截面熔化完成后,工作台下降一个薄层的厚度($0.02 \sim 0.03$ mm),然后铺粉装置又在上面铺上一层均匀密实的金属粉末,进行新一层截面的熔化,如此反复,直到成形完成整个金属制件。为防止金属氧化,整个成形过程一般在惰性气体的保护下进行,对易氧化的金属(如Ti、Al等),还必须进行抽真空操作,以去除成形腔内的空气。

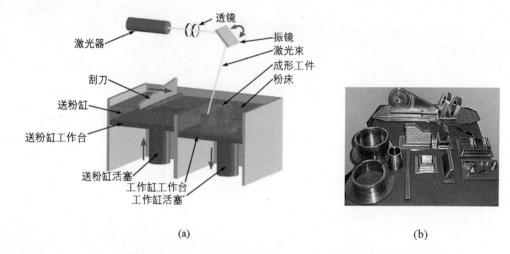

激光器　透镜　振镜　激光束　成形工件　粉床

刮刀　送粉缸　送粉缸工作台　送粉缸活塞　工作缸工作台　工作缸活塞

(a)　　　　　　　　　　　　　(b)

图1-12　SLM的成形原理及3D打印制件图

SLM具有以下优点：

(1) 直接制造金属功能件，无需中间工序。

(2) 光束质量良好，可获得细微聚焦光斑，从而可以直接制造出较高尺寸精度和较好表面粗糙度的功能件。

(3) 金属粉末完全熔化，所直接制造的金属功能件具有冶金结合组织，致密度较高，具有较好的力学性能。

(4) 粉末材料可为单一材料，也可为多组元材料，原材料无需特别配制。

同时，SLM具有以下缺点：

(1) 由于激光器功率和扫描振镜偏转角度的限制，SLM能够成形的零件尺寸范围有限。

(2) SLM设备费用贵，机器制造成本高。

(3) 成形件表面质量差，产品需要进行二次加工。

(4) SLM成形过程中，容易出现球化和翘曲。

1.4.4　熔丝制造成形打印机

图1-13所示的3D打印机是实现材料挤压式工艺的一类增材制造装备。以前称为"熔融沉积"3D打印机(Fused Deposition Modeling, FDM)，现在这种打印机被美国3D打印技术委员会(F42委员会)公布的定义称为熔丝制造(Fused Filament Fabrication, FFF)式3D打印机。

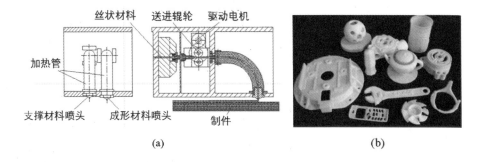

图 1-13 FFF(FDM)的成形原理及 3D 打印制件图

FFF(FDM)具有以下优点：

(1) 不需要价格昂贵的激光器和振镜系统，故设备价格较低。

(2) 成形件韧性也较好。

(3) 材料成本低，且材料利用率高。

(4) 工艺操作简单、易学。

这种成形工艺是将热熔性丝材(通常为 ABS 或 PLA 材料)缠绕在供料辊上，由步进电机驱动辊子旋转，丝材在主动辊与从动辊的摩擦力作用下向挤出机喷头送出，由供丝机构送至喷头，在供料辊和喷头之间有一导向套，导向套采用低摩擦系数材料制成以便丝材能够顺利准确地由供料辊送到喷头的内腔。喷头的上方有电阻丝式的加热器，在加热器的作用下丝材被加热到临界半流动的熔融状态，然后通过挤出机把材料从加热的喷嘴挤出到工作台上，材料冷却后便形成了工件的截面轮廓。

采用 FFF(FDM)工艺制作具有悬空结构的工件原型时需要有支撑结构的支持，为了节省材料成本和提高成形的效率，新型的 FFF(FDM)设备采用了双喷头的设计，一个喷头负责挤出成形材料，另外一个喷头负责挤出支撑材料，而喷头则按截面轮廓信息移动，按照零件每一层的预定轨迹，以固定的速率进行熔体沉积(如图 1-13(a)所示)，喷头在移动过程中所喷出的半流动材料沉积固化为一个薄层。每完成一层，工作台下降一个切片层厚，再沉积固化出另一新的薄层，进行叠加沉积新的一层，如此反复，一层层成形且相互黏结，便堆积叠加出三维实体，最终实现零件的沉积成形。FFF(FDM)成形工艺的关键是保持半流动成形材料的温度刚好在熔点之上(比熔点高 1℃左右)。其每一层片的厚度由挤出丝的直径决定，通常是 0.25～0.50 mm。

一般来说，用于成形件的丝材相对更精细，而且价格较高，沉积效率也较低；用于制作支撑材料的丝材会相对较粗，而且成本较低，但沉积效率较高。

支撑材料一般会选用水溶性材料或比成形材料熔点低的材料，这样在后期处理时通过物理或化学的方式就能很方便地把支撑结构去除干净。

FFF(FDM)的优点如下：

(1) 操作环境干净、安全，可在办公室环境下进行(没有毒气或化学物质的危险，不使用激光)。

(2) 工艺干净、简单，易于操作且不产生垃圾。

(3) 表面质量较好，可快速构建瓶状或中空零件。

(4) 原材料以卷轴丝的形式提供，易于搬运和快速更换(运行费用低)。

(5) 原材料费用低，材料利用率高。

(6) 可选用多种材料，如可染色的 ABS 和医用 ABS、PC、PPSF、蜡丝、聚烯烃树脂丝、尼龙丝、聚酰胺丝和人造橡胶等。

FFF(FDM)的缺点如下：

(1) 精度较低，难以构建结构复杂的零件，成形制件精度低，不如 SLA 工艺，最高精度不高。

(2) 与截面垂直的方向强度低。

(3) 成形速度相对较慢，不适合构建大型制件，特别是厚实制件。

(4) 喷嘴温度控制不当容易堵塞，不适宜更换不同熔融温度的材料。

(5) 悬臂件需加支撑，不宜制造形状复杂构件。

FFF(FDM)适合制作薄壁壳体原型件(中等复杂程度的中小原型)，该工艺适合于产品的概念建模及形状和功能测试。例如，用性能更好的 PC 和 PPSF 代替 ABS，可制作塑料功能产品。

1.4.5 分层实体打印机

分层实体制造(Laminated Object Manufacturing, LOM)成形(见图 1-14)是将底面涂有热熔胶的纸卷或塑料胶带卷等箔材通过热压辊加热黏结在一起，位于上方的激光切割器按照 CAD 分层模型所获数据，用激光束或刀具对纸或箔材进行切割，首先切割出工艺边框和所制零件的内外轮廓，然后将不属于原型本体的材料切割成网格状，接着将新的一层纸或胶带等箔材再叠加在上面，通过热压装置和下面已切割层黏合在一起，激光束或刀具再次切割制件轮廓，如此反复逐层切割、黏合、切割……直至整个模型制作完成。通过升降平台的移动和纸或箔材的送进可以切割出新的层片并将其与先前的层片黏结在一起，这样层层叠加后得到一个块状物，最后将不属于原型轮廓形状的材料小块剥除，就获得了所需的三维实体。上面所说的箔材可以是涂覆纸(单边涂有黏结剂覆层的纸)、涂覆陶瓷箔、金属箔或其他材质基的箔材。

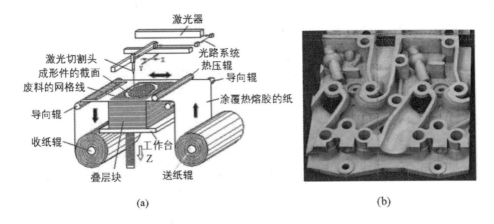

(a)   (b)

图 1-14 LOM 的成形原理及 3D 打印制件图

LOM 成形的优点是：

(1) 无需设计和构建支撑。

(2) 只需切割轮廓，无需填充扫描整个断面。

(3) 制件有较高的硬度和较好的力学性能(与硬木和夹布胶木相似)。

(4) LOM 制件可像木模一样进行胶合，可进行切削加工和用砂纸打磨、抛光，提高表面光滑程度。

(5) 原材料价格便宜，制造成本低。

LOM 成形的缺点是：

(1) 材料利用率低，且种类有限。

(2) 分层结合面连接处台阶明显，表面质量差。

(3) 原型易吸湿膨胀，层间的黏合面易裂开，因此成形后应尽快对制件进行表面防潮处理并刷防护涂料。

(4) 制件内部废料不易去除，处理难度大。

综上分析，LOM 成形工艺适合于制作大中型、形状简单的实体类原型件，特别适用于直接制作砂型用的铸模(替代木模)。图 1-14(a)所示为以单面涂有热熔胶的纸为原料、并用 LOM 成形的火车机车发动机缸盖模型。

目前该成形技术的应用已被其他成形技术(如 SLS、3DP 等成形技术)所取代，故 LOM 的应用范围已渐渐缩小。

1.4.6 黏结剂喷射打印机

黏结剂喷射打印机(Three Dimensional Printing, 3DP)利用喷墨打印头逐点喷射黏结剂来黏结粉末材料的方法制造原型件。3DP 的成形过程与 SLS 相似，只是将 SLS 中的激光束变成喷墨打印头喷射的黏结剂("墨水")，其工作原理类似于喷墨打印机，是形式上最为贴合"3D 打印"概念的成形技术之一。3DP工艺与 SLS 工艺也有类似的地方，采用的都是粉末状的材料，如陶瓷、金属、塑料，但与其不同的是 3DP 使用的粉末并不是通过激光烧结黏合在一起的，而是通过喷头喷射黏结剂将工件的截面"打印"出来并一层层堆积成形的。图1-15 所示为 3DP 的成形原理及 3D 打印制件。工作时 3DP 设备会把工作台上的粉末铺平，接着喷头会按照指定的路径将液态黏结剂(如硅溶胶)喷射在预先粉层上的指定区域中，上一层黏结完毕后，成形缸下降一个距离(等于层厚0.013～0.1 mm)，供(送)粉缸上升一个层厚的高度，推出若干粉末，并被铺粉辊推到成形缸，铺平并被压实。喷头在计算机的控制下，按下一层建造截面的成形数据有选择地喷射黏结剂。铺粉辊铺粉时多余的粉末被收集到集粉装置中。如此周而复始地送粉、铺粉和喷射黏结剂，最终完成一个三维粉体的黏结(即制造出成形制件)。粉床上未被喷射黏结剂的地方仍为干粉，在成形过程中起支撑作用，且成形结束后比较容易去除。

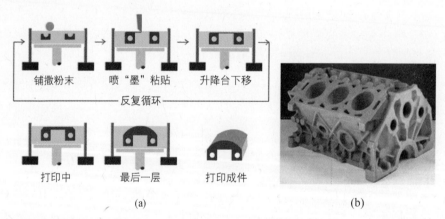

(a)　　　　　　　　　　　　　　　(b)

图 1-15　3DP 的成形原理及 3D 打印制件图

3DP 的优点是：

(1) 成形速度快，成形材料价格低。

(2) 在黏结剂中添加颜料，可以制作彩色原型，这是该工艺最具竞争力的特点之一。

(3) 成形过程不需要支撑，多余粉末的去除比较方便，特别适合于做内腔复杂的原型。

(4) 适用于 3DP 成形的材料种类较多，并且还可制作复合材料或非均匀材质材料的零件。

3DP 的缺点是强度较低,只能做概念型模型,而不能做功能性试验件。

与 SLS 技术相同,3DP 技术可使用的成形材料和能成形的制件较广泛,在制造多孔的陶瓷部件(如金属陶瓷复合材料多孔坯体或陶瓷模具等)方面具有较大的优越性,但制造致密的陶瓷部件具有较大的难度。

1.5　3D 打印技术的应用与发展

新产品开发中,总要经过对初始设计的多次修改,才能真正推向市场,而修改模具的制作是一件费钱费时的事情,拖延时间就可能失去市场。虽然利用电脑虚拟技术可以非常逼真地在屏幕上显示所设计的产品外观,但视觉上再逼真,也无法与实物相比。由于市场竞争激烈,因此产品开发周期直接影响着企业的生死存亡,故客观上需要一种可直接将设计数据快速转化为三维实体的技术。3D 打印技术直接将电脑数据转化为实体,实现了"心想事成"的梦想。其主要的应用领域如图 1 - 16 所示。

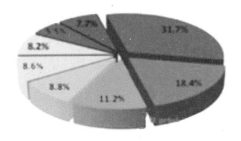

- 紫色(机动车辆、汽车31.7%)
- 蓝色(消费品18.4%)
- 绿色(经营产品11.2%)
- 黄绿色(医药8.8%)
- 黄色(医疗8.6%)
- 泥巴黄(航空8.2%)
- 红色(政府军队5.5%)
- 酱红色(其他7.7%)

图 1 - 16　3D 打印的主要应用领域

从制造目标来说,3D 打印主要用于快速概念设计及功能测试原型制造、快速模具原型制造、快速功能零件制造。但大多数 3D 打印作为原型件进行新产品开发和功能测试等。快速直接制模及快速功能零件制造是 3D 打印面临的一个重大技术难题,也是 3D 打印技术发展的一个重要方向。根据不同的制造目标 3D 打印技术将相对独立发展,更加趋于专业化。

1.5.1　3D 打印技术的应用

1. 设计方案评审

借助于 3D 打印的实体模型,不同专业领域(设计、制造、市场、客户)的人员可以对产品实现方案、外观、人机功效等进行实物评价。

2. 制造工艺与装配检验

借助3D打印的实体模型结合设计文件,可有效指导零件和模具的工艺设计,或进行产品装配检验,避免结构和工艺设计错误。

3. 功能样件制造与性能测试

3D打印制造的实体功能件具有一定的结构性能,同时利用3D打印技术可直接制造金属零件,或制造出熔(蜡)模,再通过熔模铸造金属零件,甚至可以打印制造出特殊要求的功能零件和样件等。

4. 快速模具小批量制造

以3D打印制造的原型作为手模板,制作硅胶、树脂、低熔点合金等快速模具,可便捷地实现几十件到数百件数量零件的小批量制造。

5. 建筑总体与装修展示评价

利用3D打印技术可实现模型真彩及纹理打印的特点,可快速制造出建筑的设计模型,进行建筑总体布局、结构方案的展示和评价。3D打印建筑模型快速、成本低、环保,同时制作精美,完全合乎设计者的要求,同时又能节省大量材料。

6. 科学计算数据实体可视化

计算机辅助工程、地理地形信息等科学计算数据可通过3D彩色打印,实现几何结构与分析数据的实体可视化。

7. 医学与医疗工程

通过医学CT数据的三维重建技术,利用3D打印技术制造器官、骨骼等实体模型,可指导手术方案设计,也可打印制作组织工程原型件和定向药物输送骨架等。

8. 首饰及日用品快速开发与个性化定制

不管是个性笔筒,还是有浮雕的手机外壳,抑或是世界上独一无二的戒指,都有可能通过3D打印机打印出来。

9. 动漫艺术造型评价

借助于动漫艺术造型评价可实现动漫模型的快速制造,指导和评价动漫造型设计。

10. 电子器件的设计与制作

利用3D打印可在玻璃、柔性透明树脂等基板上,设计制作电子器件和光学器件,如RFID、太阳能光伏器件、OLED等。

11. 文物保护

用 3D 打印机可以打印复杂文物的替代品，以保护博物馆里原始作品不受环境或意外事件的伤害，同时复制品也能将艺术或文物的影响传递给更多更远的人。

12. 食品 3D 打印机

目前已可以用 3D 打印机打印个性化巧克力食品。

1.5.2 3D打印技术与行业结合的优势

1. 3D 打印与医学领域

(1) 为再生医学、组织工程、干细胞和癌症等生命科学与基础医学研究领域提供新的研究工具。

采用 3D 打印来创建肿瘤组织的模型，可以帮助人们更好地理解肿瘤细胞的生长和死亡规律，这为研究癌症提供了新的工具。苏格兰研究人员利用一种全新的 3D 打印技术，首次用人类胚胎干细胞进行了 3D 打印，由胚胎干细胞制造出的三维结构可以让我们创造出更准确的人体组织模型，这对于试管药物研发和毒性检测都有着重要意义。从更长远的角度看，这种新的打印技术可以为人类胚胎干细胞制作人造器官铺平道路。

(2) 为构建和修复组织器官提供新的临床医学技术，推动外科修复整形、再生医学和移植医学的发展。

3D 打印的器官不但解决了供体不足的问题，而且避免了异体器官的排异问题，未来人们想要更换病变的器官将成为一种常规治疗方法。

(3) 开发全新的高成功率药物筛选技术和药物控释技术。

利用生物打印出药物筛选和控释支架，可为新药研发提供新的工具。美国麻省理工学院利用 3DP 工艺和聚甲基丙烯酸甲 (PMMA) 材料制备了药物控释支架结构，对其生物相容性、降解性和药物控释性能进行了测试。英国科学家使用热塑性生物可吸收材料采用激光烧结 3D 打印技术制造出的气管支架已成功植入婴儿体内。

(4) 制造"细胞芯片"，在设计好的芯片上打印细胞，为功能性生物研发做铺垫。

目前，组织工程面临的挑战之一就是如何将细胞组装成具有血管化的组织或器官，而使用生物 3D 打印技术制造"细胞芯片"，并使细胞在芯片上生长，为"人工眼睛"、"人工耳朵"和"大脑移植芯片"等功能性生物研发做铺垫，帮助患有退化性眼疾的病人。

（5）定制化、个性化假肢和假体的3D打印为广大患者带来福音。

根据每个人个体的不同，针对性地打造植入物，以追求患者最高的治疗效果。假肢接受腔、假肢结构和假肢外形的设计与制造精度直接影响着患者的舒适度和功能。2013年美国的一名患者成功接受了一项具有开创性的手术，用3D打印头骨替代75%的自身头骨。这项手术中使用的打印材料是聚醚酮，为患者定制的植入物两周内便可完成。目前国内3D打印骨骼技术也已取得初步成就，在脊柱及关节外科领域研发出了几十个3D打印脊柱外科植入物，其中颈椎椎间融合器、颈椎人工椎体、人工髋关节、人工骨盆（见图1-17）等多个产品已经进入临床观察阶段。实验结果非常乐观，骨长入情况非常好，在很短的时间内，就可以看到骨细胞已经长进到打印骨骼的孔隙里面，2013年被正式批准进入临床观察阶段。

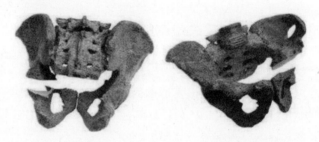

图1-17　根据患者CT数据制作的人工骨盆3D打印原型件

（6）3D打印技术开发的手术器械提供了更直观的新型医疗模式。

3D打印技术能够把虚拟的设计更直接、更快速地转化为现实。在一些复杂的手术（如移植手术）中，医生需要对手术过程进行模拟。以前，这种模拟主要基于图像——用CT或者PET检查获取病人的图像，利用3D打印技术，就可以直接做出和病人数据一模一样的结构，这对手术的影响将是巨大的。

2. 3D打印与制造领域

3D打印技术在制造业的应用为工厂进行小批量生产提供了可能性，也为人们订购满足于自身需求的产品提供了可能性。另外，3D打印技术在制造业上的广泛应用也大大降低了工厂的生产周期和成本，提高了生产效率，在减少手工工人数量的同时又保证了生产的精确度和高效率。随着3D打印材料性能的提高、打印工艺的日渐完善，3D打印在制造业领域的应用将会越来越广泛、普遍。3D打印与制造业结合有以下优势：

1）使用3D打印技术可加快设计过程

在设计阶段，产品停留的时间越长，进入市场的时间也越晚，这意味着公司丢失了潜在利润。随着将新产品迅速推向市场，会带来越来越多的压力，在概念设计阶段，公司就需要做出快速而准确的决定。材料选择、制造工艺和设计水平成为决定总体成本的大部分因素。通过加快产品的试制，3D 打印技术可以优化设计流程，以获得最大的潜在收益。3D 打印可以加快企业决定一个概念是否值得开发的过程。

2）用 3D 打印生成原型可节省时间

在有限的时间里，3D 打印能够有更快的反复过程，工程师可以更快地看到设计变化所产生的结果。企业内部 3D 打印可以消除由于外包服务而造成的各种延误（如运输延迟）。

3）用 3D 打印可进行更有效的设计，增加新产品成功的机会

3D 打印技术在产品开发中的关键作用和重要意义是很明显的，它不受复杂形状的任何限制，可迅速地将显示于计算机屏幕上的设计变为可进一步评估的实物。根据原形可对设计的正确性、造型合理性、可装配和干涉进行具体的检验。对形状较复杂而贵重的零件（如模具），如直接依据 CAD 模型不经原型阶段就进行加工制造，这种简化的做法风险极大，往往需要多次反复才能成功，不仅延误开发进度，而且往往需花费更多的资金。通过原型的检验可将此种风险减到最低限度。3D 打印可以增加新产品成功的机会，因为有更全面的设计评估和迭代过程。迭代优化的方法要有更快的周期，这是不延长设计过程的唯一方法。

一般来说，采用 3D 打印技术进行快速产品开发可减少产品开发成本的 30%～70%，减少开发时间。图 1-18(a)所示为广西玉林柴油机集团开发研制的 KJ100 四气门六缸柴油发动机缸盖铸件，其特点是：① 外形尺寸大，长度接近于 1 米(964.7 mm×247.2 mm×133 mm)；② 砂芯品种多且形状复杂，全套缸盖砂芯包括底盘砂芯、上水道芯、下水道芯、进气道芯、排气道芯、盖板芯，共计 6 种砂芯(见图 1-18(b)～(f))；③ 铸件壁薄(最薄处仅 5 mm)，属于难度很大的复杂铸件。该铸件用传统开模具方法制造需半年时间，模具费约 200 多万元，并且不能保证手板模具不需要修改的情况；而采用 3D 打印技术仅 1 周多时间就可打印出全套砂芯，装配后成功浇注，铸造出合格的 RuT-340 缸盖铸件。这样该发动机可提前半年投入市场，获得丰厚的经济效益。

4）采用 3D 打印技术可降低产品设计成本

对 3D 打印系统进行评估时，要考虑设施的要求、运行系统需要的专门知识、精确性、耐用性、模型的尺寸、可用的材料、速度，当然还有成本。3D 打印提供了在大量设计迭代中极具成本效益的方式，并在整个开发过程中的关键开始阶段便能获得及时反馈。快速改进形状、配合和功能的能力大大减少了生产

(a) KJ100四气门六缸柴油发动机缸盖铸件

(b) 进、排气道砂芯

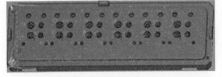

(c) 底盘砂芯

(d) 下水道砂芯

(e) 底盘砂芯

(f) 下水道砂芯

图 1-18　KJ100 四气门六缸柴油发动机缸盖铸件及用 SLS 3D 打印的
六缸缸盖全套砂芯实例

成本和上市时间。这为那些把 3D 打印作为设计过程一部分的公司建立了一个独有的竞争优势。低成本将继续扩大 3D 打印的市场，特别是在中小型企业和学校，这些打印机的速度、一致性、精确性和低成本将帮助企业缩短产品进入市场的时间，保持竞争优势。

3. 3D 打印与快速制模领域

用 3D 打印技术直接制作金属模具是当前技术制模领域研发的热点，下面介绍其中的工艺。

1) 金属粉末烧结成形

金属粉末烧结成形就是用 SLS 法将金属粉末直接烧结成模具，比较成熟的工艺仍是 DTM 公司的 Rapid Tool 和 EOS 公司的 Direct Tool。德国 EOS 公司在 Direct Tool 工艺的基础上推出了所谓的直接金属激光烧结（Direct Metal Laser Sintering，DMLS）系统，所使用的材料为新型钢基粉末，这种粉末的颗粒很细，烧结的叠层厚度可小至 $20~\mu m$，因而烧结出的制件精度和表面质量都较好，制件密度为钢的 $95\% \sim 99\%$，现已实际用于制造注塑模和压铸模等模具，经过短时间的微粒喷丸处理便可使用。如果模具精度要求很高，可在烧结成形后再进行高速精铣。

2）金属薄（箔）材叠层成形

金属薄（箔）材叠层成形是 LOM 法的进一步发展，其材料不是纸，而是金属（钢、铝等）薄材。它是用激光切割或高速铣削的方法制造出层面的轮廓，再经由焊接或黏结叠加为三维金属制件。比如，日本先用激光将两块表面涂敷低熔点合金的厚度为 0.2 mm 的薄钢板切割成层面的轮廓，再逐层互焊成为钢模具。金属薄材毕竟厚度不会太小，因此台阶效应较明显，如材料为薄膜便可使成形精度得到改进。一种称为 CAM-LEM 的快速成形工艺就是用黏结剂黏结金属或陶瓷薄膜，再用激光切割出制件的轮廓或分割块，制出的半成品还需放在炉中烧结，使其达到理论密度的 99％，同时会引起 18％ 的收缩。

3）基于 3D 技术的间接快速制模法

基于 3D 技术的间接快速模具制造可以根据所要求模具寿命的不同，结合不同的传统制造方法来实现。

（1）对于寿命要求不超过 500 件的模具，可使用以 3D 打印原型件作母模、再浇注液态环氧树脂与其他材料（如金属粉）的复合物而快速制成的环氧树脂模。

（2）若仅仅生产 20～50 件注塑模，则可使用由硅橡胶铸模法（以 3D 打印原型件为母模）制作的硅橡胶模具。

（3）对于寿命要求在几百件至几千件（上限为 3000～5000 件）的模具，常使用由金属喷涂法或电铸法制成的金属模壳（型腔）。金属喷涂法是在 3D 打印原型件上喷涂低熔点金属或合金（如用电弧喷涂 Zn - Al 伪合金），待沉积到一定厚度形成金属薄壳后，再背衬其他材料，然后去掉原型便得到所需的型腔模具。电铸法与此法类似，不过它不是用喷涂而是用电化学方法通过电解液将金属（镍、铜）沉积到 3D 打印原型件上形成金属壳，所制成的模具寿命比金属喷涂法更长，但其成形速度慢，且对于非金属原型件的表面尚需经过导电预处理（如涂导电胶使其带电）才能进行电铸。

（4）对于寿命要求为成千上万件（3000 件以上）的硬质模具，主要是钢模具，常用 3D 打印技术快速制作石墨电极或铜电极，再通过电火花加工法制造出钢模具。比如，以 3D 打印原型件作母模，翻制由环氧树脂与碳化硅混合物构成整体研磨模（研磨轮），再在专用的研磨机上研磨出整体石墨电极。

图 1-19 所示为子午线轮胎 3D 打印快速制模的过程实例（见图 1-19）。图中，图（a）是用 3D 打印轮胎原型，图（b）为轮胎原型翻制的硅橡胶凹模，图（c）是用硅橡胶凹模翻制的陶瓷型，图（d）是将铁水浇注到陶瓷型里面，冷凝后而获得的轮胎的合金铸铁模。

黏结剂喷射与熔丝制造3D打印技术

   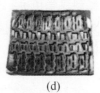

  (a)　　　　　　　(b)　　　　　　　(c)　　　　　　　(d)

图1-19　轮胎合金铸铁模的快速制模过程

　　图1-20所示为开关盒3D打印快速制模的过程实例(见图1-20)。首先用LOM 3D打印制造开关盒原型凸模(见图1-20(a)),经打磨、抛光等表面处理并在表面喷镀导电胶,然后将喷镀导电胶的凸模原型进行电铸铜,形成金属薄壳,再用板料将薄壳四周围成框,之后向其中注入环氧树脂等背衬材料,便可得到铜质面、硬背衬的开关盒凹模(见图1-20(b))。

　　(a) LOM3D打印原型件　　　　　　　(b) 电铸铜后的模具

图1-20　LOM 3D打印开关盒模具实例

4. 3D 打印与教育领域

　　当今世界已经进入信息时代,人们的思维方式、生活方式、工作方式及教育方式等都随之改变。教育是富国之本、强国之本,而高等教育是培养现代化科技人才的主要渠道。教育的信息化给人们的学习带来了前所未有的转变,新的教育理念和新的教育环境正逐步塑造着教学和学习的新形态。3D 打印技术所具有的特性为教学提供了新的路径,其在高等教育中的应用主要有以下几个方面。

　　1) 方便打造教学模具

　　随着 3D 打印的成本越来越低,在教育领域可以运用 3D 打印打造教学模具来进行教学,逆袭传统的制造业。3D 打印可以应用教学模拟进行演示教学和探索教学,也可以让学生参与到互动式游戏教学中。例如,在仿真教学和试验中,3D 打印出来的物品可以模拟课堂实验中难以实现或者要耗费很大成本才能实现的各项试验,如造价昂贵的大型机械实验等。3D 打印最大的特点就是只要拥有三维数据和设计图,便可以打造出想要的模型,生产周期短,不用大规模的批量生产,可以节约成本。利用 3D 打印可以丰富教学内容,将一些实

28

验搬到课堂中进行，通过观摩 3D 打印的实验物品，学生可以反复练习操作，不必购置昂贵的实验设备。和虚拟实验三维设计相比，它的优势在于可以进行实际的操作和观察，更为直观。3D 打印更擅长制造复杂的结构，给学生以直观的教学，使学生身临其境，更好地完成对知识的认知。

2）改善老师的教学方法

3D 打印综合运用虚拟现实、多媒体、网络等技术，可以在课堂和实验中展示传统的教学模式中无法实现的教学过程。运用 3D 打印可以使教师等教育工作者逐渐养成用数字时代的思维方式去培养学生的行为方式与习惯，使课堂教学更加丰富多彩，有利于加强互动式教学，提高课堂效率。3D 打印的逼真效果更加贴近现实的情景，将会给现阶段教育技术的发展水平带来一次重大飞跃。3D 打印可以改善教师的教学方法，把一些抽象的东西打印出来进行讨论，激发学生无限的想象。教师把 3D 打印物品结合到讲课内容中，通过对模型的讲解，了解到学生对哪些问题不懂，从台前走到学生中间，帮学生解决学习中的困难，学生成为生活中的主体、教学活动的中心以及教师关注的重点。

3）3D 打印激发学生的兴趣

通过 3D 打印模型的刺激，以及学生的内心加工，学生会迸发出自己的想法，提高创造力。让学生观察模拟物品，还可以激发学生的好奇心，提高学生的设计能力、动手能力，激发学生的兴趣，使得课堂主动、具体、富于感染力。3D 打印技术在教育领域的应用增加了学生获得知识的学习方法，学生可以把自己的设计思想打印出来，并验证这个模型是否符合自己的设想。

1.5.3 3D 打印技术在国内的发展现状

与发达国家相比，我国 3D 打印技术发展虽然在技术标准、技术水平、产业规模与产业链方面还存在大量有待改进的地方，但经过多年的发展，已形成以高校为主体的技术研发力量布局，若干关键技术取得了重要突破，产业发展开始起步，形成了小规模产业市场，并在多个领域成功应用，为下一步发展奠定了良好的基础。

1. 初步建立了以高校为主体的技术研发力量体系

自 20 世纪 90 年代初开始，清华大学、华中科技大学、西安交通大学、北京航空航天大学、西北工业大学等高校相继开展了 3D 打印技术研究，成为我国开展 3D 打印技术的主要力量，推动了我国 3D 打印技术的整体发展。北京航空航天大学"大型整体金属构件激光直接制造"教育部工程研究中心的王华明团队、西北工业大学凝固技术国家重点实验室的黄卫东团队，主要开展金属材料激光净成形直接制造技术研究。清华大学生物制造与快速成形技术北京市重点实验室颜永年团队主要开展熔融沉积制造技术、电子束融化技术、3D 生物打印技术研究。华中科技大学材料成形与模具技术国家重点实验室史玉升团队主要从事塑性成形制造技术与装备、快速成形制造技术与装备、快速三维测量技术与装备等静压近净成形技术研究。西安交通大学制造系统工程国家重点实验室以及快速制造技术及装备国家工程研究中心的卢秉恒院士团队主要从事高分子材料光固化 3D 打印技术及装备研究。

2. 整体实力不断提升，金属 3D 打印技术世界领先

我国增材制造技术从零起步，在广大科技人员的共同努力下，技术整体实力不断提升，在 3D 打印的主要技术领域都开展了研究，取得了一大批重要的研究成果。目前高性能金属零件激光直接成形技术世界领先，并攻克了金属材料 3D 打印的变形、翘曲、开裂等关键问题，成为首个利用选择性激光熔化(SLM)技术制造大型金属零部件的国家。北京航空航天大学已掌握使用激光快速成形技术制造超过 12 m^2 的复杂钛合金构件的方法。西北工业大学的激光立体成形技术可一次打印超过 5 m 的钛金属飞机部件，构件的综合性能达到或超过锻件。北京航空航天大学和西北工业大学的高性能金属零件激光直接成形技术已成功应用于制造我国自主研发的大型客机 C919 的主风挡窗框、中央翼根肋，成功降低了飞机的结构重量，缩短了设计时间，使我国成为目前世界上唯一掌握激光成形钛合金大型主承力构件制造且付诸实用的国家。

3. 产业化进程加快，初步形成小规模产业市场

利用高校、科研院所的研究成果，依托相关技术研究机构，我国已涌现出 20 多家 3D 打印制造设备与服务的企业，如北京隆源、武汉滨湖机电、北方恒力、湖南华曙、北京太尔时代、西安铂力特等。这些公司的产品已在国家多项重点型号研制和生产过程中得到了应用，如应用于 C919 大型商用客机中央翼身缘条钛合金构件的制造，这项应用是目前国内金属 3D 打印技术的领先者；武汉滨湖机电技术产业有限公司主要生产 LOM、SLA、SLS、SLM 系列产品并进行技术服务和咨询，1994 年就成功开发出我国第一台快速成形装备——薄材叠层快速成形系统，该公司开发生产的大型激光快速制造装备具有国际领先水平；2013 年华中科技大学开发出全球首台工作台面为 1.4 m×1.4 m 的四振镜激光器选择性激光粉末烧结装备，标志着其粉末烧结技术达到了国际领先水平。

4. 应用取得突破，在多个领域显示了良好的发展前景

随着关键技术的不断突破，以及产业的稳步发展，我国 3D 打印技术的应用也取得了较大进展，已成功应用于设计、制造、维修等产品的全寿命周期。

(1) 在设计阶段，已成功将 3D 打印技术广泛应用于概念设计、原型制作、

产品评审、功能验证等，显著缩短了设计时间，节约了研制经费。在研制新型战斗机的过程中，采用金属 3D 打印技术快速制造钛合金主体结构，在一年之内连续组装了多架飞机进行飞行试验，显著缩短了研制时间。某新型运输机在做首飞前的静力试验时，发现起落架连接部位一个很复杂的结构件存在问题，需要更换材料、重新加工。采用 3D 打印技术，在很短的时间内就生产出了需要的部件，保证了试验如期进行。

(2) 在制造领域，已将 3D 打印技术应用于飞机紧密部件和大型复杂结构件制造。我国国产大型客机 C919 的中央翼根肋、主风挡窗框都采用 3D 打印技术制造，显著降低了成本，节约了时间。C919 主风挡窗框若采用传统工艺制造，国内制造能力尚无法满足，必须向国外订购，时间至少需要 2 年，模具费需要 1300 万元。采用激光快速成形 3D 打印技术制造，时间可缩短到 2 个月内，成本降低到 120 万元。

(3) 在维修保障领域，3D 打印技术已成功应用于飞机部件维修。当前，我国已将 3D 打印技术应用于制造过程中报废和使用过程中受损的航空发动机叶片的修复，以及大型齿轮的修复。

1.5.4　3D 打印技术在国内的发展趋势

1. 3D 打印既是制造业，更是服务业

3D 打印的产业链涉及很多环节，包括 3D 打印机设备制造商、3D 模型软件供应商、3D 打印机服务商和 3D 打印材料的供应商。因此围绕 3D 打印的产业链会使企业产生很多机会。在 3D 打印产业链里，除了出现大品牌的生产厂商外，也有可能出现基于 3D 打印提供服务的巨头。

2. 目前 3D 打印产业处于产业化的初期阶段

目前我国 3D 打印技术发展面临诸多挑战，总体处于新兴技术产业化的初级阶段，主要表现在：

(1) 产业规模化程度不高。3D 打印技术大多还停留在高校及科研机构的实验室内，企业规模普遍较小。

(2) 技术创新体系不健全。创新资源相对分割，标准、试验检测、研发等公共服务平台缺乏。

(3) 产业政策体系尚未完善。缺乏前瞻性、一致性、系统性的产业政策体系，包括发展规划和财税支持政策等。

(4) 行业管理亟待加强。

(5) 教育和培训制度急需加强。

3. 与传统的制造技术形成互补

相比于传统生产方式，3D打印技术的确是重大的变革，但目前和近中期还不具备推动第三次工业革命的实力，短期内还难以颠覆整个传统制造业模式。理由有三：

(1) 3D打印只是新的精密技术与信息化技术的融合，相比于机械化大生产，不是替代关系，而是平行和互补关系。

(2) 3D打印原材料种类有限，决定了绝大多数产品打印不出来。

(3) 个性化打印成本极高，很难实现传统制造方式的大批量、低成本制造。

4. 3D打印技术是典型的颠覆性技术

从长期来看，这项技术最终将给工业生产和经济组织模式带来颠覆性的改变。3D打印技术其实就是颠覆性、破坏性的技术。当前，3D打印技术的应用被局限于高度专门化的需求市场或细分市场(如医疗或模具)。但颠覆性技术会不断发展，以低成本满足较高端市场的需要，然后以"农村包围城市"的方式逐步夺取天下。尽管3D打印主要适用于小批量生产，但是其打印的产品远远优于传统制造业生产的产品——更轻便、更坚固、定制化、多种零件直接整组成形。3D打印的另一个颠覆性特征是：单台机器能创建各种完全不同的产品。而传统制造方式需要改变流水线才能完成定制生产，其过程需要昂贵的设备投资和长时间的工厂停机。不难想象，未来的工厂用同一个车间的3D打印机既可制造茶杯，又能制造汽车零部件，还能量身定制医疗产品。

十余年来，3D打印技术已经步入初成熟期，已经从早期的原型制造发展出包含多种功能、多种材料、多种应用的许多工艺，在概念上正在从快速原型转变为快速制造，在功能上从完成原型制造向批量定制发展。基于这个基本趋势，3D打印设备已逐步向概念型、生产型和专用成形设备分化。

1) 概念模型

3D打印设备是指利用3D打印工艺制造用于产品设计、测试或者装配等的原型。所成形的零件主要在于形状、色彩等外观表达功能，对材料的性能要求较低。这种设备当前总的发展趋势是：成形速度快；产品具有连续变化的多彩色(多材料)；普通微机控制，通过标准接口进行通信；体积小，是一种桌面设备；价格低；绿色制造方式，无污染、无噪声。

2) 生产型设备

生产型设备是指能生产最终零件的3D打印设备。与概念原型设备相比，这种设备一般对产品有较高的精度、性能和成形效率要求，设备和材料价格较昂贵。

3）应用于生物医学制造领域的专用成形设备

应用于生物医学制造领域的专用成形设备是今后发展的趋势。3D 打印设备能够生产任意复杂形状、高度个性化的产品，能够同时处理多种材料，制造具有材料梯度和结构梯度的产品。这些特点正好满足生物医学领域，特别是组织工程领域一些产品的成形要求。

1.5.5 3D 打印技术发展的未来

1. 材料成形和材料制备

3D 打印技术基于离散/堆积原理，采用多种直写技术控制单元材料状态，将传统上相互独立的材料制备和材料成形过程合而为一，建立了从零件成形信息及材料功能信息数字化到物理实现数字化之间的直接映射，实现了从材料和零件的设计思想到物理实现的一体化。

2. 直写技术

直写技术用来创造一种由活动的细胞、蛋白、DNA 片段、抗体等组成的三维工程机构，将在生物芯片、生物电气装置、探针探测、更高柔性的 RP 工艺、柔性电子装置、生物材料加工和操纵自然生命系统、培养变态和癌细胞等方面中具有不可估量的作用。其最大的作用在于用制造的概念和方法完成活体成形，突破了千百年禁锢人们思想的枷锁——制造与生长之界限。

(1) 开发新的直写技术，扩大适用于 3D 打印技术的材料范围，进入到细胞等活性材料领域。

(2) 控制更小的材料单元，提高控制的精度，解决精度和速度的矛盾。

(3) 对 3D 打印工艺进行建模、计算机仿真和优化，从而提高 3D 打印技术的精度，实现真正的净成形。

(4) 随着 3D 打印技术进入到生物材料中功能性材料的成形，材料在直写过程中的物理化学变化尤其应得到重视。

3. 生物制造与生长成形

(1) "生物零件"应该为每个个体的人设计和制造，而 3D 打印能够成形任意复杂的形状，提供个性化服务。

(2) 快速原型能够直接操纵材料状态，使材料状态与物理位置匹配。

(3) 3D 打印技术可以直接操纵数字化的材料单元，给信息直接转换为物理实现提供了最快的方式。

4. 计算机外设和网络制造

3D 打印技术是全数字化的制造技术，3D 打印设备的三维成形功能和普通打印机具有共同的特性。小型的桌面3D打印设备有潜力作为计算机的外设进入艺术和设计工作室、学校和教育机构甚至家庭，成为设计师检验设计概念、学校培养学生创造性设计思维、家庭进行个性化设计的工具。

5. 快速原型与微纳米制造

微纳米制造是制造科学中的一个热点问题，根据3D打印的原理和方法制造MEMS是一个有潜力的方向。目前，常用的微加工技术方法从加工原理上属于通过切削加工去除材料、"由大到小"的去除成形工艺，难以加工三维异形微结构，使零件尺寸深宽比的进一步增加受到了限制。快速原型根据离散/堆积的降维制造原理，能制造任意复杂形状的零件。另外，3D打印对异质材料的控制能力，也可以用于制造复合材料或功能梯度的微机械。

综上所述，3D打印存在以下问题：

(1) 3D打印设备价格偏高，投资大，成形精度有限，成形速度慢。

(2) 3D打印工艺对材料有特殊要求，其专用成形材料的价格相对偏高。

这些缺点影响了3D打印技术的普及及应用，但随着其理论研究和实际应用不断向纵深发展，这些问题将得到不同程度的解决。可以预期，未来的3D打印技术将会更加充满活力。

6. 3D打印技术的发展路线

- 技术发展：3D➡4D(智能结构)➡5D(生命体)。
- 应用发展：快速原型➡产品开发➡批量制造。
- 材料发展：树脂➡金属材料➡陶瓷材料➡生物活性材料。
- 模式发展：科技企业➡产业➡分散式制造。
- 产业发展：装备➡各领域应用➡尖端科技。
- 人员发展：科技界➡企业➡金融➡创客➡协同创新。

第2章 黏结剂喷射式 3D 打印

2.1 黏结剂喷射式 3D 打印机工作原理

麻省理工学院(MIT)于 1993 年发明了基于喷墨打印原理的 3D 打印成形工艺和黏结剂喷射式 3D 打印机(3D Printer, 3DP),随后于 1997 年成立 Z Corporation 公司,开始生产 Z 系列黏结剂喷射式 3D 打印机,这种打印机是实现黏结剂喷射式工艺的一类增材制造装备。我国也将黏结剂喷射式 3D 打印机称为立体打印机。

最早出现的黏结剂喷射式 3D 打印机(见图 2-1)是借助热泡(Thermal Bubble)喷头喷射黏结剂("墨水")来使粉末选区黏结成形,用供粉缸中活塞的提升来供给粉末材料的。其工作过程如下:

(1) 铺粉辊将供粉缸活塞上方的一层粉末(例如石膏粉等)铺设至成形缸活塞上方,如图 2-2(a)所示。

(2) 喷头按照计算机辅助设计(CAD)确定的工件截面层轮廓信息,在水平面上沿 X 方向和 Y 方向运动,并在铺好的一层粉末上,有选择性地喷射黏结剂,黏结剂渗入部分粉末的微孔中并使其黏结,形成工件的第一层截面轮廓,如图 2-2(b)所示。

(3) 一层成形完成后,成形缸活塞下降一截面层的高度(一般为 0.1~0.2 mm),供粉缸活塞上升一截面层的高度,再进行下一层的铺粉,如图 2-2(c)所示。

(4) 在下一层上有选择性地喷射黏结剂,形成工件的下一层截面轮廓,如图 2-2(d)所示。

如此循环,直到完成最后一层的铺粉与黏结,如图 2-2(e)所示,形成三维工件,如图 2-2(f)所示。

在这种 3D 打印机中,未黏结的粉末自然构成支撑,因此,不必另外制作支撑结构,成形完成后也可免除剥离支撑结构的麻烦。此外,喷头还可以喷射多种颜色的黏结剂，以便成形彩色工件。图 2-3 所示是黏结剂喷射式 3D 打印机的成形件。

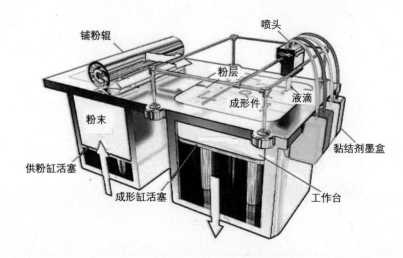

图 2-1　黏结剂喷射式 3D 打印机结构

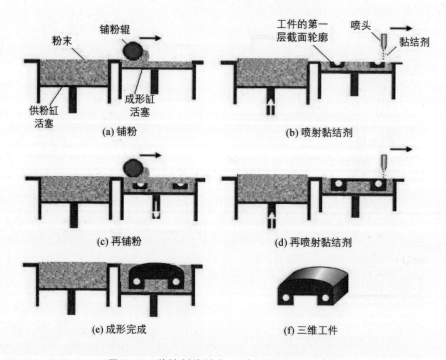

图 2-2　黏结剂喷射式 3D 打印机的工作过程

图 2 - 3 黏结剂喷射式 3D 打印机的成形件

传统黏结剂喷射式 3D 打印机用水性溶液作为黏接剂("墨水"),采用热泡式喷头喷射水性"墨水"。喷头的工作过程如图 2-4 所示:

(1) 通过对喷头腔内的加热电阻施加短脉冲信号,将近处的 0.1 mm 厚的"墨水"薄层在 3 μs 内急速加热到 300℃, 如图 2-4(b)所示。

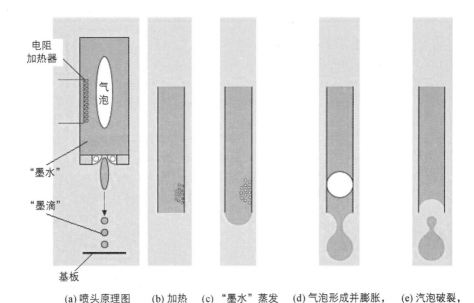

(a) 喷头原理图   (b) 加热   (c) "墨水"蒸发   (d) 气泡形成并膨胀,   (e) 汽泡破裂,
　　　　　　　　　　　　　　　　　　　　　　　　　　　　　　挤出"墨水" 　　　　液滴分离

图 2 - 4 热泡式喷头及其工作过程

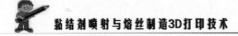

(2)"墨水"蒸发,如图 2-4(c)所示。

(3)气泡形成并膨胀,如图 2-4(d)所示,停止加热,开始降温,但残留余热仍会促使气泡在 10 μs 内迅速膨胀到最大,由此产生的压力迫使一定量的"墨水"克服表面张力,以 5～12 m/s 的速度快速从喷嘴挤出。

(4)随着温度继续下降,气泡收缩、破裂,原挤出于喷嘴外的"墨水"受到气泡破裂力量的牵引而形成分离墨滴,如图 2-4(e)所示,完成一个喷射过程。

热泡式喷头的喷射频率可达到 20 kHz,喷射墨滴直径可小于 35 μm,喷射"墨水"的黏度一般为 1～3 MPa·s。

热泡式喷头的结构较简单,易于用半导体加工工艺制造,便于集成,价格较便宜,分辨率很高。热泡式喷头的缺点是:

(1)只能用于喷射可被蒸发的水溶性"墨水"。

(2)喷头中存在热应力,电极始终受电解和腐蚀的作用,这对使用寿命有影响,因此,喷头通常与墨盒做在一起,更换墨盒时即同时更新喷头。

(3)在工作过程中,液体受热,易发生化学、物理变化,使一些热敏感液体的使用受到限制。例如,若用热泡式喷头喷射纳米金"墨水",当金的微粒足够小时,它能在 120℃左右烧结,因此,喷射液蒸发造成的高温会导致纳米金烧结在加热电阻上。当烧结其上的金层达到一定的厚度时,会使加热电阻的阻值下降,从而不能达到足够的温度。

2.2　黏结剂喷射式 3D 打印机的型式

2.2.1　Z Printer 3D 打印机

图 2-5 所示是 Z Corporation 公司生产的 Z 系列黏结剂喷射式 3D 打印机,它采用的供粉机构由供粉缸、铺粉辊和刮刀组成,如图 2-6 所示。其中,供粉缸中的活塞由步进电动机驱动,每成形完一层工件截面后,活塞上升,提升一层粉末材料,铺粉辊和刮刀自左向右移动,将粉末铺至成形缸活塞的上方,并将多余的粉末推至余粉回收装置中。然后,铺粉辊和刮刀自右向左移动,刮刀将已铺设的粉末刮平。

现在 Z Corporation 公司已并入 3D Systems 公司,3D Systems 公司生产的 ProJet x60 系列黏结剂喷射式 3D 打印机采用料斗供给粉材,如图 2-7 所示。此系列黏结剂喷射式 3D 打印机的主要技术参数见表 2-1。图 2-8 所示是 ProJet x60 系列打印机的外观,图 2-9 所示是一种黏结剂喷射式 3D 打印机的结构,图 2-10 所示是打印机的喷头,图 2-11 所示是黏结剂喷射式 3D 打印机生产的成形件。表 2-2 所示是 ProJet x60 系列打印机采用的成形材料 VisiJet PXL 用浸渍剂处理后的特性。

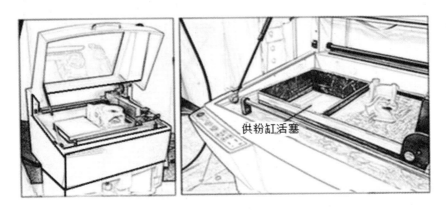

图 2-5　Z Corporation 公司生产的 Z 系列黏结剂喷射式 3D 打印机

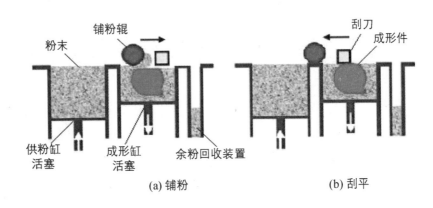

图 2-6　活塞缸—辊轮—刮刀式铺粉机构

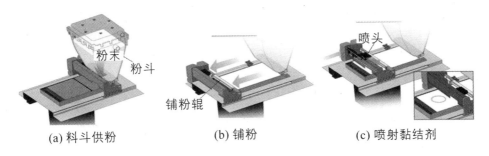

图 2-7　黏结剂喷射式 3D 打印机的工作过程

表 2－1　ProJet x60 系列黏结剂喷射式 3D 打印机的主要技术参数

技术参数	160	260C	360
成形室尺寸/mm	236×185×127	236×185×127	203×254×203
打印分辨率/dpi	300×450	300×450	300×450
分层厚度/mm	0.1		
高度方向成形速度/(mm/h)	20		
成形件最小特征尺寸/mm	0.4	0.4	0.15
喷嘴数	304	604	304
喷头数	1	2	1
成形材料	VisiJet PXL		
外形尺寸/mm	740×790×1400	740×790×1400	1220×790×1400
质量/kg	165	165	179
技术参数	460Plus	660Pro	860Pro
成形室尺寸/mm	203×254×203	254×381×203	508×381×229
打印分辨率/dpi	300×450	600×540	600×540
分层厚度/mm	0.1		
高度方向成形速度/(mm/h)	23	28	5～15
成形件最小特征尺寸/mm	0.15	0.1	0.1
喷嘴数	604	1520	1520
喷头数	2	5	5
成形材料	VisiJet PXL		
外形尺寸/mm	1220×790×1400	1880×740×1450	1190×1160×1620
质量/kg	193	340	363

注：dpi 为每英寸(1 in＝25.4 mm)长度上可喷射的液滴数。

表 2 - 2   VisiJet PXL 的特性

特性	浸渍剂		
	ColorBond	StrengthMax	Salt Water Cure
弹性模量/MPa	9450	12560	12855
抗拉强度/MPa	14.2	26.4	2.38
断后伸长率/%	0.23	0.21	0.04
弯曲模量/ MPa	7163	10680	6355
抗弯强度/MPa	31.1	44.1	13.1

图 2 - 8   ProJet x60 系列打印机的外观

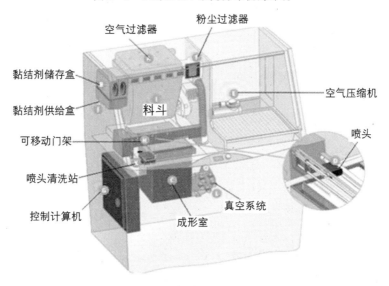

图 2 - 9   一种黏结剂喷射式 3D 打印机的结构

图 2-10　喷头

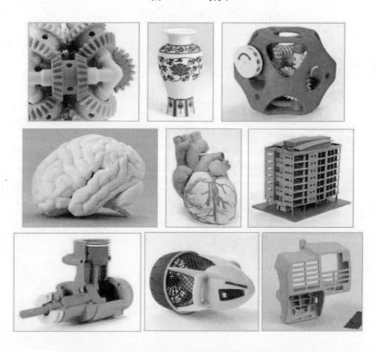

图 2-11　黏结剂喷射式 3D 打印机生产的成形件

3D Systems 公司生产的最新款 ProJet 4500 黏结剂喷射式 3D 打印机采用 ColorJet Printing(CJP)技术，成形材料为 VisiJet C4 Spectrum 塑料粉，能打印连续渐变色的全彩色柔性/高强度塑料件。表 2-3 所示是 ProJet 4500 打印机的主要技术参数。表 2-4 所示是 VisiJet C4 Spectrum 的特性。

表 2-3　ProJet 4500 打印机的主要技术参数

技 术 参 数	参数值
成形室尺寸/mm	203×254×203
打印分辨率/dpi	600×600
分层厚度/mm	0.1
高度方向成形速度/(mm/h)	8
成形件最小特征尺寸/mm	0.1
成形材料	VisiJet C4 Spectrum
外形尺寸/mm	1620×1520×800
质量/kg	272

表 2-4　VisiJet C4 Spectrum 的特性

技 术 参 数	参数值
拉伸模量/MPa	1600
抗拉强度/MPa	24.8
断后伸长率/%	2.6
弯曲模量/MPa	1125
抗弯强度/MPa	24.4
硬度/HSD	79
热变形温度 /℃(0.45 MPa 下)	57

2.2.2　ExOne 大型 3D 打印机

ExOne 公司生产的黏结剂喷射式 3D 打印机的主要技术参数见表 2-5，其中前 3 款为大型 3D 打印机，在 X 方向可成形的尺寸为 2200 mm、1800 mm、800 mm，这几种打印机采用多个喷头，因此能有很大的成形室，并且成形效率很高(大于 20 L/h)，特别是 Exerial 3D 打印机的成形效率高达 300~400 L/h。

表 2-5　ExOne 公司黏结剂喷射式 3D 打印机的主要技术参数

技术参数	Exerial	S-Max	S-Print	M-Print	M-Flex
成形室尺寸 /mm	2200×1200 ×700,2 个	1800×1000 ×700	800×500 ×400	800×500 ×400	400×250× 250
打印分辨率 /μm	100×100	100×100	100×100	64×64	64×60
成形效率	300～400 /(L/h)	60～85 /(L/h)	20～36 /(L/h)	60 /(s/层)	30～60 /(s/层)
分层厚度 /mm	0.28～0.50	0.28～0.50	0.28～0.50	最小 0.15	最小 0.10
成形件精度 /mm	±0.3	—	—	—	—
外形尺寸 /mm	8380×4030 ×4950	6900×3520 ×2860	3270×2540 ×2860	3270×2540 ×2860	1675×1400 ×1855
质量/kg	11200	6500	3500	3500	1020
成形材料	铸造砂,陶瓷珠	铸造砂	铸造砂	金属粉	金属粉

图 2-12 所示是 ExOne 公司 Exerial 3D 打印机的外观,图 2-13 所示是 ExOne S-Max 打印机的工作过程,打印成形件处于工作箱中。图 2-14 所示是 ExOne 公司打印机的成形件。

2 个成形室

图 2-12　Exerial 3D 打印机

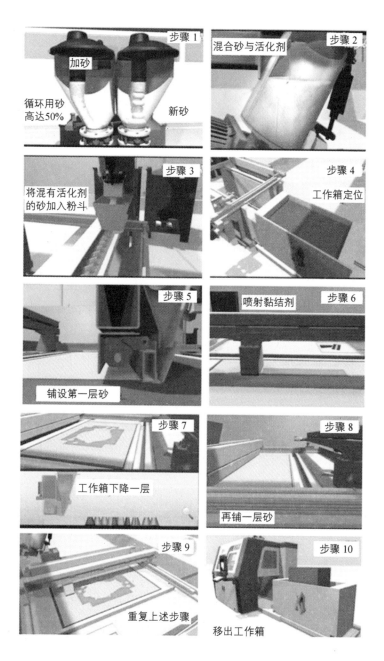

图 2-13　ExOne S-Max 打印机的工作过程

图 2-14　ExOne 公司打印机的成形件

ExOne 公司生产的黏结剂喷射式 3D 打印机采用的成形粉末有以下几种:

(1) 铸造砂:包括硅砂(石英砂,silica sand),合成砂(synthetic sand)等。

(2) 金属粉:包括06Cr17Ni12Mo2 不锈钢/青铜、20Cr13 不锈钢/青铜、工具钢(tool steel),青铜(bronze)等。

(3) 玻璃粉:包括乳白色磨砂玻璃(milky white matte glass)、高光泽黑色玻璃(high glass black glass)、高光泽白色玻璃(high glass white glass)等。

(4) 陶瓷珠。

ExOne 公司生产的黏结剂喷射式 3D 打印机采用的黏结剂有呋喃树脂、碱性酚醛树脂等。

表 2-6 所示是 ExOne 公司黏结剂喷射式 3D 打印机采用的成形粉材特性。

表 2-6　ExOne 公司黏结剂喷射式 3D 打印机采用的成形粉材特性

特性	不锈钢合金 316	不锈钢合金 420		玻璃
		退火	未退火	
弹性模量/GPa	148	147	147	70～74
抗拉强度/MPa	406	496	682	19.3～28.4
抗压强度/MPa	—	—	—	248
断后伸长率/%	8.0	7.0	2.3	—
硬度	60 HRB	30 HRC	20～25 HRC	565～605 HK (努氏硬度)
成形件密度/ (g/cm³)	—	7.86	7.86	2.35
熔点/℃	—	—	—	500
材质	不锈钢＋青铜	60%不锈钢＋40%青铜		乳白色玻璃

2.2.3 Voxeljet 大型 3D 打印机

Voxeljet 公司生产的黏结剂喷射式 3D 打印机的主要技术参数如表 2-7 所示，其中后 3 款为大型 3D 打印机，它们在 X 方向可成形的尺寸为 1000 mm、2000 mm、4000 mm。图 2-15 所示是 VX500 型打印机的外观，图 2-16 所示是 VX4000 型打印机的外观，这台打印机是目前最大的黏结剂喷射式 3D 打印机，图 2-17 所示是 VX4000 型打印机的成形室，图 2-18 所示是 VX4000 型打印机采用的 HP 喷头，这种喷头有 26560 个喷嘴，最大打印宽度为 1120 mm，成形效率高达 123 L/h。

表 2-7 Voxeljet 公司黏结剂喷射式 3D 打印机的主要技术参数

技术参数	VX200	VX500	VXC800
成形室尺寸/mm	300×200×150	500×400×300	850×500×1500/2000
喷头类型	标准	标准	标准
喷嘴数	256	2656	2656
单次打印宽度/mm	21	112	112
打印分辨率/dpi	300	600	300
成形效率/(L/h)	1～1.6	3.8～5.8	18
分层厚度/mm	0.15	0.08～0.15	0.30
外形尺寸/mm	1700×900×1500	1750×1850×2100	5100×2800×2500
质量/kg	450	1200	3500
技术参数	VX1000	VX2000	VX4000
成形室尺寸/mm	1000×600×500	2000×1000×1000/600	4000×2000×1000
喷头类型	标准/HP	HP	HP
喷嘴数	2656/10624	13280	26560
单次打印宽度/mm	112/450	564	1120
打印分辨率/dpi	600	200	300
成形效率/(L/h)	6～23	47	123
分层厚度/mm	0.10～0.30	0.12～0.40	0.12～0.30
外形尺寸/mm	2800×2400×2300	2500×4900×2700	19000×9300×4300
质量/kg	3500	5500	—

图 2-15   VX500 型打印机

图 2-16   VX4000 型打印机

图 2-17   VX4000 型打印机的成形室

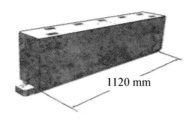

1120 mm

图 2 - 18　VX4000 型打印机采用的 HP 喷头

表 2 - 8 所示是 Voxeljet 公司生产的黏结剂喷射式 3D 打印机采用的塑料粉 PMMA 的特性，用这种粉材打印的成形件可用作熔模铸造模。由于 PMMA 模在燃烧关键阶段具有负膨胀系数属性，因此制作的壳体件的裂纹较少，铸造效果较好。表 2 - 9 所示是 Voxeljet 公司生产的黏结剂喷射式 3D 打印机采用的砂粉的特性，用这种粉材打印的成形件可用作砂铸模。

表 2 - 8　Voxeljet 公司生产的黏结剂喷射式 3D 打印机采用的塑料粉的特性

特　性	聚甲基丙烯酸甲酯 （PMMA，粒度为 55 μm）	聚甲基丙烯酸甲酯 （PMMA，粒度为 85 μm）
黏结剂	Polypor B	Polypor C
抗拉强度/MPa	4.3	2.7
燃烧温度/℃	700	600
残余灰分含量 （质量分数）/%	＜ 0.3	＜0.02
最佳适用范围	熔模铸造	熔模铸造，建筑模型

表 2 - 9　Voxeljet 公司生产的黏结剂喷射式 3D 打印机采用的砂粉的特性

特　性	硅　砂
黏结剂	无机黏结剂
抗弯强度/MPa	220～280
烧失量（质量分数）/%	＜1
最佳适用范围	砂铸的型芯打印

由表 2 - 9 可见，打印砂模时，采用无机黏结剂，不采用有机黏结剂（例如 PVA、PVP、环氧树脂等），可以使成形的砂模有很高的强度。

有关研究表明，可以在砂中混合固态氧化镁，用喷头喷射含有氯化镁的无机黏结剂。其中，氧化镁属于胶凝材料，与氯化镁水溶液（卤水）混合易胶凝硬化,成为坚硬耐磨的镁质水泥,而且氧化镁有高耐火绝缘性能,经 1000℃ 以上高温灼烧可转变为晶体,升至 1500℃ 以上成为镁砂(或烧结氧化镁),与砂混合的氧化镁使砂在与黏结剂反应时成为活泼参与者,而不是惰性参与者,由于氧化镁的存在,最终的打印砂模成为含有微晶结构的类矿石材质,有相当高的抗拉强度。

图 2-19 所示是 Voxeljet 公司生产的黏结剂喷射式 3D 打印机的成形件。

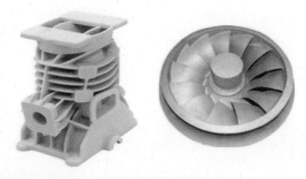

图 2-19　Voxeljet 公司生产的黏结剂喷射式 3D 打印机的成形件

2.2.4　富奇凡 3D 打印机

图 2-20 所示是上海富奇凡机电科技有限公司(简称富奇凡公司)生产的 LTY 型黏结剂喷射式 3D 打印机,它由供粉机构、铺粉机构、X 向运动机构与喷头、Y 向运动机构、Z 向运动机构、活动工作台与余粉回收槽、机架和控制系统等部件组成。

图 2-20　LTY 型黏结剂喷射式 3D 打印机

1. 供粉机构

供粉机构用粉斗储存粉材，如图 2-21 所示，电动机 1 驱动狼牙棒形搅拌器，使粉斗中的粉材滚动，并落至由电动机 2 驱动的花键形漏粉辊上，然后经过漏粉辊上的花键形齿槽落至铺粉机构的槽口中。

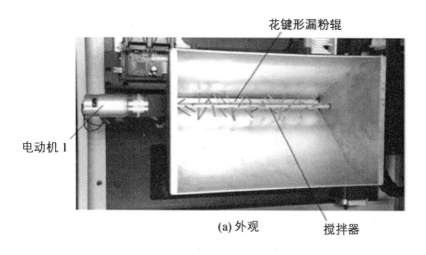

花键形漏粉辊

电动机 1

(a) 外观

搅拌器

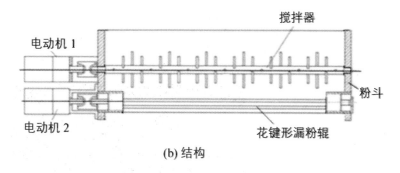

搅拌器

电动机 1

粉斗

电动机 2

花键形漏粉辊

(b) 结构

图 2-21 供粉机构

2. 铺粉机构

铺粉机构如图 2-22 所示用电动机驱动槽口下方的铺粉辊转动，当 Y 轴运动机构带动铺粉机构沿 Y 轴向右运动时，由于铺粉辊的平动和转动，使落至槽口中的粉材铺设在工作台板上，并均匀地刮平、压实，使每次铺设的粉材为设定的分层厚度。

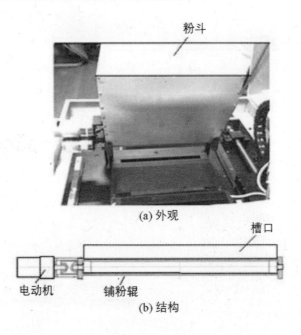

(a) 外观

粉斗

槽口

电动机　　铺粉辊

(b) 结构

图 2-22　铺粉机构

3. X 向运动机构与喷头

X 向运动机构用步进电动机通过齿形同步带驱动喷头沿导向杆作 X 向运动，如图 2-23 所示。

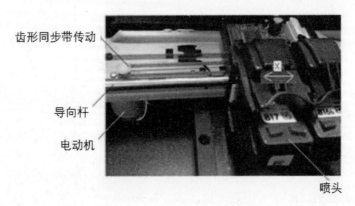

齿形同步带传动

导向杆

电动机

喷头

图 2-23　X 向运动机构

4. Y 向运动机构

Y 向运动机构用步进电动机通过滚珠丝杠驱动 X 向运动机构与喷头沿直

线导轨作 Y 向运动,如图 2 - 24 所示。

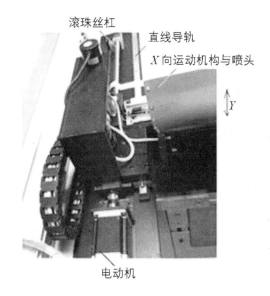

图 2 - 24 Y 向运动机构

5. Z 向运动机构

  Z 向运动机构用步进电动机通过滚珠丝杠驱动活动工作台沿导向杆作 Z 向运动,如图 2 - 25 所示。

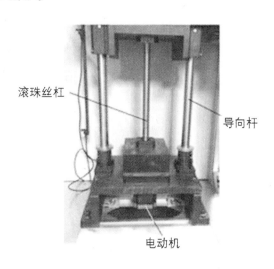

图 2 - 25 Z 向运动机构

6. 活动工作台与余粉回收槽

活动工作台在 Z 向运动机构驱动下，在固定工作台内沿 Z 向运动，余粉回收槽用于收集活动工作台上多余的粉材，如图 2-26 所示。

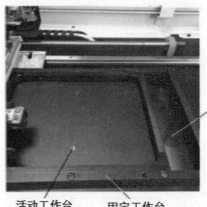

余粉回收槽

活动工作台　　固定工作台

图 2-26　活动工作台与余粉回收槽

表 2-10 所示是富奇凡公司生产的黏结剂喷射式 3D 打印机的主要技术参数。

表 2-10　富奇凡公司生产的黏结剂喷射式 3D 打印机的主要技术参数

技术参数	LTY-200
成形室尺寸/mm	250×200×200
喷头类型	HP
喷头分辨率/dpi	600
成形颜色	4 彩色(CMYK)打印
分层厚度/mm	0.10～0.15
外形尺寸/mm	840×580×1040
打印机质量/kg	80

表 2-11 所示是黏结剂喷射式 3D 打印机常用的几种材料的配方。

表 2 - 11   黏结剂喷射式 3D 打印机常用材料的配方

成形材料	黏结剂
石膏	30％PVA＋7％糊精
石膏	17.5％糊精＋2.5％纤维素凝胶
麦芽糖糊精	10％～50％蔗糖
锆石	10％石灰
橄榄石	29.6％石膏＋3％PVA

注：表中百分数为质量分数。

2.3   黏结剂喷射式 3D 打印工艺分析与打印机选择

2.3.1   黏结剂喷射式 3D 打印工艺分析

采用粘结剂喷射式 3D 打印机成形工件时，虽然不必添加支撑结构，但是仍需进行以下工艺分析。

1. 打印成形方向影响

打印成形方向对工件的表面品质、尺寸精度和成形效率有很大的影响。

1）打印成形方向对工件表面品质的影响

在选择成形方向时，对于工件上的曲面和斜面相对水平面的坡度是必须考虑的一个重要因素，坡度对成形表面的品质有明显的影响。当分层厚度相同时，表面坡度较平缓的曲面和斜面有更明显的台阶效应。例如图 2 - 27 所示曲面模型，曲面 F_1 的高宽比为 H_1/W_1（见图 2 - 27(a)），曲面 F_2 的高宽比为 H_2/W_2（见图 2 - 27(b)），当 $W_1＝W_2$ 时，显然 $H_1/W_1＜H_2/W_2$，即曲面 F_1 的坡度较平缓，曲面 F_2 的坡度较陡峭。因此成形时，对于相同的分层厚度 h，曲面 F_1 的等高线之间的差距较大，台阶效应更明显，表面不够光滑；曲面 F_2 的等高线之间的差距较小，台阶效应不太明显，表面较光滑。

为成形坡度很平缓的曲面(如 $H/W \ll 0.5$)，避免台阶效应过于明显，有两种办法：

(1) 缩小分层厚度 h，但是，这样做会显著增加成形时间，降低成形效率。

(2) 改变成形方向，如图 2 - 28 所示，将图 2 - 28(a)所示工件沿顺时针方向旋转 $90°$（见图 2 - 28(b)），或小于 $90°$ 的角度（见图 2 - 28(c)）。如此改变成形方向之后，对于相同的分层厚度 h，选取图 2 - 28(b)所示方向成形时，曲面 F

的高宽比 $H_3/W_3 > H_1/W_1$，与图 2-28(a)所示成形方向比较，台阶效应较小；选取图 2-28(c)所示方向成形时，曲面 F 的高宽比 H_4/W_4 虽然小于 H_3/W_3，但大于 H_1/W_1，与图 2-28(a)所示成形方向比较，台阶效应也有所缩小。

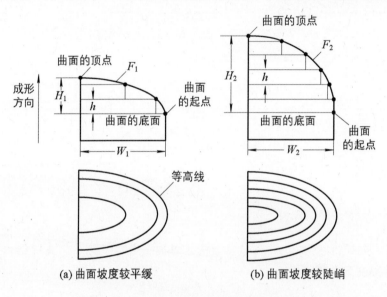

(a) 曲面坡度较平缓　　　　　　(b) 曲面坡度较陡峭

图 2-27　曲面坡度对成形表面品质的影响

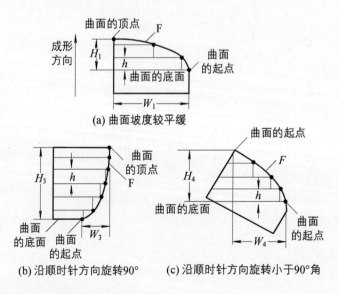

(a) 曲面坡度较平缓

(b) 沿顺时针方向旋转90°　　(c) 沿顺时针方向旋转小于90°角

图 2-28　成形方向对成形表面品质的影响

2）打印成形方向对工件尺寸精度的影响

例如图 2-29 所示带孔的工件，其中有一个直径精度要求较高的圆孔，如果选择这种成形方向，圆孔是由一些矩形层截面在高度方向叠加而成，由于台阶效应和打印机在高度 Z 方向可能存在层高的累计误差，因此，圆孔的形状和直径精度可能不高，易出现椭圆度误差。为克服上述弊端，将成形方向改为图 2-30 所示方向，在这种情况下，圆孔是由一些带有圆孔的矩形截面叠加而成，所以，圆孔的形状和直径精度较高。

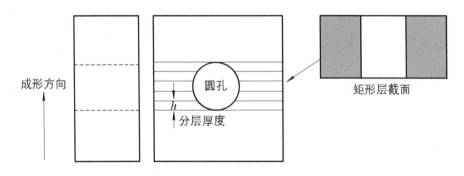

图 2-29　圆孔的成形方案 1

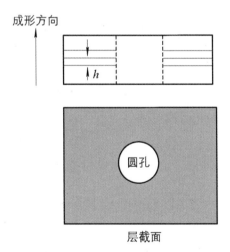

图 2-30　圆孔的成形方案 2

从上述例子可知，应尽可能将工件中形状和尺寸精度要求较高的特征放置在 $X-Y$ 平面上成形，而不要放置在高度 Z 方向成形。

3) 打印成形方向对成形效率的影响

例如，对于有异形底面轮廓的工件，其成形方向可能有多种选择（见图 2-31），粗略看，很可能采用图 2-31(a)所示放置方式成形，即简单地将最下边 cd 水平放置，但是，这种方式会大大降低成形效率；如果按图 2-31(b)所示方式放置，可以提高成形效率。

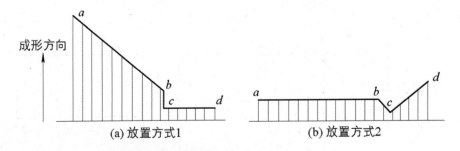

图 2-31 具有异形底面轮廓的工件的成形方向

2. 打印成形方向确定

成形方向对工件的表面品质、尺寸精度和成形效率有很大的影响，而且，这些影响可能彼此之间会有矛盾，也就是说，对于选择的某一个成形方向，可能在上述三个方面导致不一致的影响，即：有的变好，有的变差。因此，在确定成形方向时，首先应罗列可能的成形方向，然后，比较不同成形方向的优缺点，再根据工件的重点要求，予以取舍。

下面通过两个实例来说明确定成形方向的方法与原则。

[**例 2-1**] 汽缸体模型。对于图 2-32(a)所示汽缸体，可能的成形方向有如图 2-32(b)、(c)、(d)所示三种。比较这三种方向，各有优缺点。

(1) 平卧放置成形(见图 2-32(b))：这种方向成形的优点是，曲轴孔 A 和孔 C 的形状与尺寸精度较高，成形时间较短，但是，活塞孔 B 的形状与尺寸精度不够好。

(2) 活塞孔朝上直立放置成形(见图 2-32(c))：这种方向成形的优点是，活塞孔 B 的形状与尺寸精度较高，但是，曲轴孔 A 和孔 C 的形状与尺寸精度不够好，成形时间较长。

(3) 活塞孔朝下直立放置成形(见图 2-32(d))：这种方向成形的优点是，活塞孔 B 的形状与尺寸精度较高，但是，曲轴孔 A 和孔 C 的形状与尺寸精度不够好，成形时间较长。

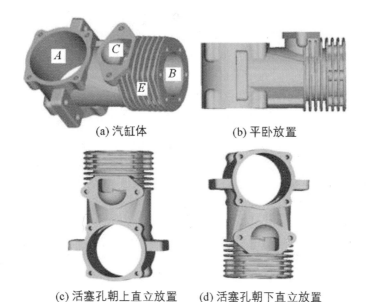

(a) 汽缸体　　　　　(b) 平卧放置

(c) 活塞孔朝上直立放置　　(d) 活塞孔朝下直立放置

图 2-32　汽缸体及其成形方向

　[**例 2-2**]　活塞模型。对于图 2-33(a)所示活塞,可能的成形方向有如图 2-33(b)、(c)、(d)所示三种。比较这三种方向,各有优缺点。

(a) 活塞　　　　　(b) 开口朝上直立放置

(c) 开口朝下直立放置　　(d) 平卧放置

图 2-33　活塞及其成形方向

(1) 开口朝上直立放置成形(见图 2-33(b)):这种方向成形的优点是,活塞的内径与外径的形状和尺寸精度较高,但是,销孔 A 的形状与尺寸精度不够好,成形时间较长。

(2) 开口朝下直立放置成形(见图 2-33(c)):这种方向成形的优点是,活塞的内径与外径的形状和尺寸精度较高,但是,销孔 A 的形状与尺寸精度不够好,成形时间较长。

(3) 平卧放置成形(见图 2-33(d)):这种方向成形的优点是,销孔 A 的形状与尺寸精度较高,成形时间较短,但是,活塞的内径与外径的形状和尺寸精度不够好。

2.3.2 黏结剂喷射式 3D 打印机选择

选择黏结剂喷射式 3D 打印机时,应着重考察以下技术参数。

1. 成形室尺寸

打印机的成形室尺寸是指打印机所能成形的工件最大长、宽、高,工件的尺寸应小于此尺寸范围。如果有多台打印机,最好选用成形室尺寸略大于工件尺寸的打印机,以便节省能源,降低成本,如果成形室尺寸显著大于工件尺寸时,可同时成形多个工件,提高打印机的利用率。

2. 打印分辨率

在黏结剂喷射式 3D 打印机上,采用热泡式喷头或压电式喷头喷射黏结剂,这些喷头的技术参数对于成形工件的品质有很大的影响,其中最重要的参数是喷头的打印分辨率。

打印分辨率是喷头将黏结剂喷印在成形材料上产生的分辨率。打印分辨率包括横(X)方向打印分辨率、纵(Y)方向打印分辨率和高度(Z)方向打印分辨率,其表示方法有如下两种:

(1) 每一英寸长度上能喷印的墨点数,单位为 dpi,dpi 的数目愈大,打印分辨率愈高。

(2) 相邻打印墨点的间距(见图 2-34),单位为 μm,相邻打印墨点的间距愈小,打印分辨率愈高。

成形高度(Z)方向的打印分辨率,等于成形时的分层厚度,例如分层厚度为 0.016 mm,则高度方向的打印分辨率为 0.016 mm,也可表示为 25.4 mm/0.016 mm=1587.5 dpi≈1600 dpi。

显然,打印分辨率愈高,成形工件的精度愈高。在条件允许时,应尽可能选择打印分辨率较高的黏结剂喷射式 3D 打印机。

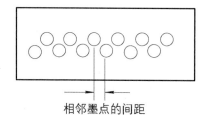

相邻墨点的间距

图2-34 喷嘴的布置

3. 分层厚度

在黏结剂喷射式3D打印机的技术参数中，通常标明分层厚度值的范围，这个参数是选择打印机的一个重要考察指标，它的影响在于：

(1) 成形效率。

对于给定的工件，在其成形方向确定之后，切片的层数等于工件的成形高度除以分层厚度，因此，分层厚度会直接影响所需成形时间(即成形效率)。分层厚度愈大，成形时间愈短；分层厚度愈小，成形时间愈长。

(2) 工件的表面品质。

分层厚度是影响工件表面台阶效应的主要因素，若增大分层厚度，切片所得等高线之间的间距明显增大，工件表面上的台阶效应更严重，表面品质下降。

(3) 结构特征的完整性。

选取的分层厚度较大时，可能会导致工件上的某些细小特征丢失，例如，在图2-35所示工件上有高度仅为0.2 mm的符号"＋"、"－"，如果选取的分层厚度大于等于0.2 mm，那么，成形时有可能丢失这些细小特征，从而会破坏工件结构的完整性。因此，在这种情况下，分层厚度必须小于0.2 mm。

图2-35 具有细小特征的工件

4. 成形件最小特征尺寸

由于受打印机采用的打印分辨率、分层厚度以及打印机的运动定位精度和成形粉材颗粒大小等因素的影响，在黏结剂喷射式 3D 打印机的技术参数中，通常标明这种打印机的成形件最小特征尺寸，因此在选择打印机时，应使上述参数小于(或等于)工件的最小特征尺寸。

5．高度方向成形速度

在黏结剂喷射式 3D 打印机的技术参数中，通常标明高度方向的成形速度(mm/h)，根据此参数可以估计工件的大约成形时间。选择打印机时，应使成形时间在要求的范围内。

6．成形材料

在黏结剂喷射式 3D 打印机的技术参数中，会标明这种打印机所能成形材料的种类和型号，选择打印机时，应首先核对是否符合所需成形件的要求。

2.4　LTY 型黏结剂喷射式 3D 打印机操作

2.4.1　控制开关与指示灯

LTY 型黏结剂喷射式 3D 打印机的控制开关与指示灯如图 2-36 所示。

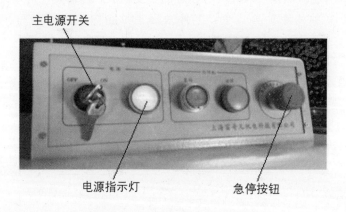

图 2-36　控制开关与指示灯

主电源开关：顺时针旋转后，接通主电源，系统通电，电源指示灯点亮，打印系统进行初始化；逆时针旋转后，断开主电源。

急停按钮：当打印机或操作者遇到紧急情况时，按压急停按钮，Y 轴和 Z 轴运动停止。恢复运行时，首先断开主电源，然后释放急停按钮，等待几秒钟后再接通主电源。

2.4.2 控制软件界面

控制软件功能包括 STL 文件显示、编辑、切片图形计算、运动控制和工件自动加工等功能，控制软件界面如图 2 - 37 所示。

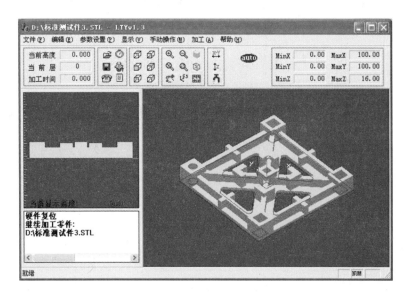

图 2 - 37 控制软件界面

2.4.3 打印操作过程

打印操作过程如下：

(1) 确认 Z 轴的触片位于上限位开关与下限位开关之间(见图 2 - 38)；确认活动工作台的上平面低于固定工作台的上平面(即打印平面)1 mm 左右(见图 2 - 26)。如果活动工作台的上平面太高，则用手转动 Z 轴丝杆，使活动工作台下降至所需位置。

(2) 确认打印机的两条 USB 线缆已插入计算机的 USB 接口，打印机通过这两条线缆与计算机通信，然后打开主电源开关。

(3) 打开系统控制软件(见图 2 - 37)，使用"文件"→"打开"菜单打开所需打印工件的图形文件，工件图形文件的后缀名是.stl，即 STL 格式文件。

(4) 使用"参数设置"菜单，激活工件加工参数设置对话框，设置加工参数。

(5) 使用"手动操作"→"工作台升降"菜单，调整活动工作台的上下位置，使活动工作台的上平面低于打印平面 1 mm 左右。

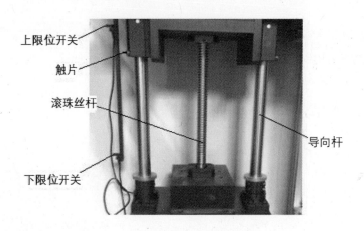

图 2-38　限位开关与触片位置

（6）在活动工作台上，用手工添加适量的粉材并大致刮平，刮平后的平面高于打印平面 1 mm 左右。

（7）在粉斗内加粉，使用"手动操作"→"供粉机构"菜单，进行自动铺粉，一般自动铺粉 5 层以上。

（8）安装打印墨盒。打印墨盒平时应保存在水杯中，水杯中有约 5 mm 深的水（见图 2-39），用来浸没墨盒上的喷嘴，防止喷嘴堵塞。安装打印墨盒前，应先用餐巾纸把墨盒上的水擦拭干净。

（9）使用"加工"菜单或工具条上的"auto"按钮，开始自动打印。

（10）打印完成后，使用"手动操作"→"工作台升降"菜单，使活动工作台上升到取件位置（见图 2-40），取下活动工作台及其上的工件。

（11）下降 Z 轴，清理活动工作台，为下一次成形做准备。

图 2-39　墨盒保存

图 2-40　活动工作台上升到取件位置

2.4.4 控制软件安装

控制软件安装包括如下 3 步。

1. 安装打印机驱动程序

LTY-200 型 3D 打印机采用 HP Deskjet D2400 打印系统,当打印机信号线缆插入计算机 USB 接口并加电后,Windows 操作系统会检测到打印机。当系统提示用户安装驱动程序时,插入打印机驱动程序安装光盘,根据系统提示安装驱动。驱动程序安装后,在 Windows 系统控制面板的"打印机和传真"目录中,将"HP Deskjet D2400 series"设置为系统默认打印机(见图 2 - 41)。

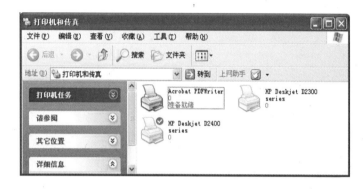

图 2 - 41 将 HP Deskjet D2400 series 设置成默认打印机

2. 安装 BALDOR NextMove ES 运动控制卡驱动程序

当打印机控制信号线缆插入计算机 USB 接口并通电后,Windows 操作系统会检测到新硬件,当系统提示用户安装驱动程序时,插入 BALDOR 运动控制卡驱动程序安装光盘,根据系统提示安装驱动。安装完驱动后再执行光盘上 Software\Workbench V5 目录中的 Setup.exe 程序,安装支持工具。

3. 安装 LTY 控制程序

运行 LTY 控制程序安装光盘上的 setupV1.2.1文件,在用户计算机上安装 LTY 打印机控制程序。安装后,在桌面上会出现一个程序图标(见图 2 - 42)。

图 2 - 42 桌面上的程序图标

2.4.5 控制软件使用

双击程序图标,启动控制软件后,软件开始查找打印机。如果打印机已经加电并与计算机连接，控制软件对打印机进行初始化，这时可以看到喷头进行 $X-Y$ 方向的回零动作。

如果之前打印过工件，会接着弹出如图 2-43 所示对话框，询问是否要装载新工件的 STL 文件。

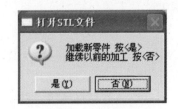

选择"Yes"，准备调入新工件的 STL 文件；使用"文件"→"打开"菜单调入 STL 文件。

选择"No"，系统将自动装入上次未完成工件的 STL 文件及原来的打印数据记录，并可继续进行打印工作，所有参数均无需重新设置。

图 2-43 装载工件的 STL 文件的对话框

STL 文件装载完成后，屏幕如图 2-37 所示。在此图的控制系统窗口中，最上一行是标题行，这一行显示当前打开的 STL 文件名及路径。如果对 STL 文件进行了修改而没有及时保存，系统就会在文件名后面加一个"＊"号。文件保存后"＊"号自动消失。第二行是菜单行。菜单行下面显示工具栏(见图 2-44)，工具栏里汇集了与大多数菜单项对应的快捷按钮。打印工件的模型参数及打印进程信息也显示在工具栏中，这些信息包括：

图 2-44 工具栏

(1) MinX、MinY、MinZ：模型在 XYZ 坐标系中各个方向的最小值。

(2) MaxX、MaxY、MaxZ：模型在 XYZ 坐标系中各个方向的最大值。

(3) 当前高度：模型的当前成形高度。

(4) 当前层：当前正在处理的层。

(5) 加工时间：完成当前高度所用的时间。

工具栏下面是模型窗口，可以对模型视图进行放大、缩小、平移等操作，可改变显示方式及观看切片模拟。主显示窗口左侧有两个小窗口。上面的图形窗口显示的是模型的 $X-Z$ 视图及当前打印的高度信息。下面的文字窗口显示各种运行信息，这些信息也同时记录在打印记录文件中。

主窗口底部的边框称为状态条，显示状态信息(如读入 STL 文件的进程等)。

菜单栏内有如下 7 个主菜单，一些主菜单具有子菜单项或二级子菜单项，各菜单项的功能介绍如下。

1. 文件菜单

"文件"→"打开"：该菜单项与工具条上按钮 的功能相同，用于打开软盘或硬盘，寻找所需要的 STL 文件。

"文件"→"保存"：在编辑 STL 文件之后，以旧文件名保存文件。

"文件"→"另存为"：该菜单项与工具条上按钮 的功能相同，用于在编辑 STL 文件之后，以新文件名保存文件。

"文件"→"重新开始"：初始化当前工件的打印数据，将打印时间清零，打印高度设置成 Z 方向上零件的最小值。

"文件"→"硬件初始化"：该菜单项与工具条上按钮 的功能相同，用于对打印机进行初始化。在系统启动时，这个过程被自动执行。当系统在运行过程中出现故障或通信异常，在故障排除后可能需要用此菜单项来重新初始设备。

"文件"→"模拟加工"：该菜单项与工具条上按钮 的功能相同，它用于在屏幕上对切片过程进行模拟。在模拟过程中，工具栏区会出现三个工具按钮 。可以随时按下 按钮退出模拟过程，或按下 按钮暂停(暂停后可按下 按钮继续模拟过程)。

"文件"→"时间估算"：该菜单项与工具条上按钮 的功能相同，在设置了正确的打印参数后，可以使用该菜单估算完成工件打印所需的时间。

"文件"→"加工日记"：该菜单项与工具条上按钮 的功能相同，它利用系统记事板打开工件打印日记，以查看打印过程中发生的事件、打印时间、当前打印高度、参数改动等信息。

2. 编辑菜单

"编辑"→"比例"：改变工件的打印比例，选择该菜单项后，系统弹出"比例"对话框(见图 2-45)。该对话框用于设置模型在 X、Y 和 Z 各方向的放大倍数(X 比例，Y 比例，Z 比例)。如果各方向放大倍数相同，则可激活"统一改变"按钮，输入放大倍数值。修改任一方向的放大倍数，会导致 STL 文件的变化。设定范围为 0.1～1000，但受系统最大成形尺寸的限制，缺省值为 1。

"编辑"→"旋转"：改变工件的打印方向，选择该菜单项后，系统弹出如图 2-46 所示的对话框。该对话框用于选择模型的打印方向。

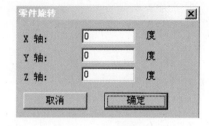

图 2-45　比例对话框　　　　　　图 2-46　工件旋转对话框

模型的打印方向由以下 3 个参数决定：

(1) X 轴：绕 X 轴旋转模型的角度。

(2) Y 轴：绕 Y 轴旋转模型的角度。

(3) Z 轴：绕 Z 轴旋转模型的角度。

系统通过设置模型绕 X、Y 和 Z 轴的旋转角度可以改变其打印方向。当按 "OK"后模型将按设定值绕 X、Y 和 Z 轴旋转，从而导致 STL 文件产生变化。设定范围为 $-360°\sim360°$，缺省值为 0。

3. 参数设置菜单

"参数设置"：设置系统打印参数，选择该菜单后，系统弹出如图 2-47 所示的对话框，对话框中各选项如下：

图 2-47　打印参数设置对话框

(1) 加工高度：该选项用来设定工件的打印开始高度和结束高度。据此可以灵活选择工件的打印部位。工件的打印开始高度和结束高度的缺省值是根据工件的 Z 方向尺寸来确定的。

(2) 开始高度：缺省值为 STL 模型的 MinZ，即模型的高度最小值。

(3) 结束高度：缺省值为 STL 模型的 MaxZ，即模型的高度最大值。

（4）层高：用于确定分层厚度（即每次铺粉的厚度）。它的取值范围是 0.05
～1，缺省值是 0.2。

（5）彩色打印：是否打印彩色工件。使用该功能时请确认彩色墨盒正确安
装，并确保制作的 STL 模型为彩色。

（6）打印次数：打印机使用的黏结剂是通过喷头喷射到粉材上的，随着层
高和材料的不同，需要的黏结剂的量不同，一般情况下，打印一遍黏结剂即可，
如果不够，则可以提高打印遍数。

4. 显示菜单

"显示"→"缺省视图"→"前视图"：与工具条按钮 功能相同，显示工件
的前视图。

"显示"→"缺省视图"→"后视图"：与工具条按钮 功能相同，显示工件的
后视图

"显示"→"缺省视图"→"顶视图"：与工具条按钮 功能相同，显示工件的
顶视图。

"显示"→"缺省视图"→"底视图"：与工具条按钮 功能相同，显示工件的
底视图。

"显示"→"缺省视图"→"左视图"：与工具条按钮 功能相同，显示工件的
左视图。

"显示"→"缺省视图"→"右视图"：与工具条按钮 功能相同，显示工件的
右视图。

"显示"→"缺省视图"→"轴侧图"：在主窗口中显示工件的轴侧图。

"显示"→"旋转"→"实时"：与工具条上按钮 的功能相同，它用于激活实
时旋转功能，即在主窗口中按下鼠标左键并随意移动鼠标，主窗口中的工件将
根据鼠标的当前位置而改变视图方向。

"显示"→"旋转"→"X 轴/Y 轴/Z 轴"：上述三个菜单项与实时菜单项的功
能类似，不同处在于工件视图方向仅绕着对应的轴（X、Y、Z）进行旋转。

"显示"→"缩放"→"窗口"：与工具条上按钮 的功能相同，用于在主窗口
中改变工件的显示比例，它激活窗口放大功能，即在主窗口中按下鼠标左键并
移动鼠标，主窗口中将根据鼠标的当前位置而显示一个矩形框，松开鼠标左
键，矩形框选中的部分将被放大。

"显示"→"缩放"→"放大"：与工具条上按钮 的功能相同，它被单击时，
主窗口中的工件显示比例将放大 50%。

"显示"→"缩放"→"缩小"：与工具条上按钮 🔍 的功能相同，它被单击时，主窗口中的工件显示比例将缩小 50％。

"显示"→"恢复"：与工具条上按钮 🔍 的功能相同，它用于把主窗口中的工件按默认的比例全部显示。

"显示"→"平移"：与工具条上按钮 ✋ 的功能相同，它用于激活视图移动功能：即在主窗口中按下鼠标左键并移动鼠标，主窗口中的工件视图将跟随鼠标而移动。

"显示"→"渲染模式"：与工具条上按钮 ⬛ 的功能相同，它用于激活实体显示模式。

"显示"→"框架模式"：与工具条上按钮 ✳ 的功能相同，它用于激活线框显示模式。

"显示"→"切片模式"：与工具条上按钮 ▦ 的功能相同，它用于激活二维切面显示模式。

5. 手动菜单

"手动操作"→"铺粉机构"：与工具条上按钮 🔧 的功能相同，用于检查铺粉机构各部分的工作状况。用鼠标选择该菜单项，系统会弹出铺粉机构检查对话框(见图 2-48)。铺粉机构由铺粉电动机控制。对话框中的按钮，可以控制电动机旋转/停止。按下"铺一层粉"按钮，系统会自动铺一层粉，铺粉完成后，活动工作台自动下降 0.1 mm(约一层粉的高度)，为打印或下一层铺粉作准备。

"手动操作"→"打印横梁运动"：与工具条上按钮 ⬌ 的功能相同，用来手动操纵打印横梁(带动喷头)左右移动。用鼠标激活该项后，系统弹出"打印横梁运动"对话框(见图 2-49)。其中，按下运动开始按钮，打印横梁将以给定的速度移动给定的位移，当位移值为正时，打印横梁向右运动，位移值为负时，打印横梁向左运动。按下回零按钮，打印横梁回到机械零点。

图 2-48　铺粉机构检查对话框

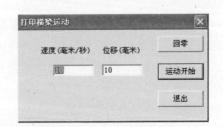

图 2-49　打印横梁运动对话框

"手动操作"→"工作台升降"：与工具条上按钮 的功能相同，用来操纵活动工作台上下(沿 Z 轴)移动。用鼠标激活该项，系统弹出"工作台升降"对话框(见图 2-50)。其中，按下"开始运动"按钮，活动工作台将以给定的速度运动给定的位移，当位移值为正时，活动工作台向上运动，位移值为负时，活动工作台向下运动。按下"向上 1 毫米"按钮，活动工作台向上运动 1 毫米。按下"向下 1 毫米"按钮，活动工作台向下运动 1 毫米。

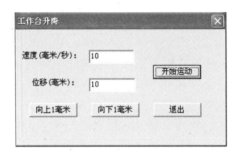

图 2-50　工作台升降对话框

6. 加工菜单

"加工"菜单命令与工具条上按钮"auto"的功能相同，选择加工菜单项后，系统弹出开始加工工件对话框(见图 2-51)。其中文字框内列出了需要用户确认或注意的提示信息。按钮" 需要铺粉"用于确定打印前是否需要铺一层粉(如果选中，则铺粉机构铺粉、活动工作台下降一个层厚，当前打印高度也增加一个层厚)。

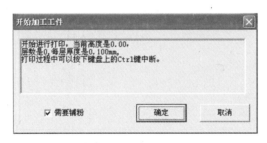

图 2-51　开始加工工件对话框

打印过程中按"Ctrl"键可暂停。打印机将在当前层打印完成后停止并回复零位。

7. 帮助菜单

"帮助"→"关于 LTY"：显示当前软件的版本信息。

2.5　打印成形件后强化处理

黏结剂喷射式 3D 打印机采用石膏粉为成形材料时，为增强打印成形工件的强度，通常进行以下几种后强化处理。

1. 表面涂覆

在打印成形的石膏工件表面涂覆一薄层强化剂，例如 PVP(聚乙烯吡咯烷酮)、502 黏结剂的水溶液、双组分液态聚氨酯、液态紫外光敏树脂。

其中，双组分液态聚氨酯由异氰酸酯和多元醇树脂组成，它们在 25℃ 的室温下，按一定比例混合后产生化学反应，能在约 1 min 后迅速变成凝胶状，然后固化成聚氨酯塑料，将这种未完全固化的胶状材料涂刷在打印石膏工件表面上，能够形成一层光亮的塑料硬壳，显著提高工件的强度和防潮能力。

涂覆液态紫外光敏树脂的石膏工件，应采用紫外灯使光敏树脂固化。

2. 浸蜡

将打印成形的石膏工件置于熔化蜡中数秒钟，然后快速取出并晾干，再用电吹风去除工件表面上残留的蜡滴，可得到如同陶瓷般坚硬的石膏工件。

黏结剂喷射式 3D 打印机采用金属粉为成形材料时，打印预成形件需置于加热炉中进行后续渗透(铜)处理(见图 2-52)，以便提高密度和强度。

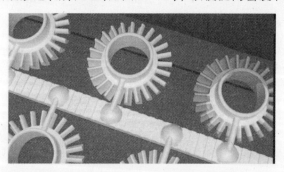

图 2-52　预成形金属件渗透(铜)处理

2.6　黏结剂喷射式 3D 打印机使用的成形材料

1. 成形粉末

黏结剂喷射式 3D 打印机常用的粉末有以下几种：

(1) 石膏粉。石膏粉是一种廉价的粉末材料,加入一些改性添加剂后就能用作黏结剂喷射式 3D 打印机的成形材料。这种材料在水基液体的作用下能快速固化,并有一定的强度,因此应用广泛。

(2) 淀粉。淀粉也是一种常用的廉价粉末材料,但是,它黏结成形后的强度较差,因此,成形件一般只能用于外观评价。

(3) 陶瓷粉。陶瓷粉黏结成形后,构成半成品,再将此半成品置于加热炉中,使其烧结成陶瓷壳型,可用于精密铸造。但是,用陶瓷粉做成形材料时,所用黏结剂的黏度一般比水基液体的黏度大,喷头较易堵塞,此外,在陶瓷粉黏结、固化的过程中,还可能发生较大的翘曲变形,必须特别注意。

(4) 铸造砂,例如硅砂、合成砂等。

(5) 金属粉,例如不锈钢粉、青铜粉、工具钢粉、钛合金粉等。

(6) 玻璃粉,例如乳白色磨砂玻璃粉、高光泽黑色玻璃粉、高光泽白色玻璃等。

(7) 塑料粉,例如聚甲基丙烯酸甲酯粉等。

对于黏结剂喷射式 3D 打印机使用的粉材,有以下几点基本要求:

(1) 粒度应足够细,一般应为 $30\sim100\ \mu m$,以便保证成形件的强度和表面品质。

(2) 能很好地吸收喷射的黏结剂,形成工件截面。

(3) 低吸湿性,以免从空气中吸收过量的湿气而导致结块,影响成形品质。

(4) 易于分散,性能稳定,可长期储存。

2. 黏结剂

黏结剂喷射式 3D 打印机常用的黏结剂("墨水")是水溶性混合物,包括:

(1) 聚合物。例如甲氧基聚乙二醇、聚乙烯醇(PVA)、胶体二氧化硅、聚乙烯吡咯烷酮(PVP)等。

(2) 碳水化合物,例如阿拉伯胶、刺槐豆胶等。

(3) 糖和糖醇,例如蔗糖、葡萄糖、果糖、乳糖、多葡萄糖、山梨糖醇、木糖醇等。

对于黏结剂喷射式 3D 打印机使用的黏结剂("墨水"),有以下基本要求:

(1) 较高的黏结能力。

(2) 具有较低的黏度且颗粒尺寸小($10\sim20\ \mu m$),能顺利地从喷嘴中流出。

(3) 能快速、均匀地渗透粉末层并使其黏结,因此,黏结剂应具有浸渗剂的性能。

采用的黏结剂应与粉末材料相匹配,例如,陶瓷粉最好采用有机黏结剂(如聚合树脂)或胶体状二氧化硅。在陶瓷粉中还可混入粒状柠檬酸,使得喷射胶体状二氧化硅后，陶瓷粉能迅速胶合。石膏和淀粉可用水基黏结剂，它们的价格低廉，不易堵塞喷头。

3. 添加剂

为改善粉材与黏结剂的性能，还可在其中添加下列物质：

(1) 填充物。填充物为被固结物提供机械构架，其颗粒尺寸为 20～200 μm，大尺寸颗粒能在粉层中形成大的孔隙，从而使黏结剂能快速渗透，使成形件的性能更均匀。采用较小尺寸的颗粒能增强成形件的强度。最常用的填充物是淀粉，如麦芽糊精。

(2) 增强纤维。增强纤维用于提高成形件的机械强度，更好地控制其尺寸，而又不会使粉末难以铺设。纤维的长度应大致等于层厚，较长的纤维会损害成形件的表面光洁度，而采用太多的纤维会使铺粉格外困难。最常用的增强纤维有纤维素纤维、碳化硅纤维、石墨纤维、铝硅酸盐纤维、聚丙烯纤维、玻璃纤维。

(3) 打印助剂。通常采用卵磷脂作打印助剂，它是一种略溶于水的液体。在粉末中加入少量的卵磷脂后，可以在喷射黏结剂之前使粉粒间相互轻微黏结，从而减少尘埃的形成。喷洒黏结剂之后，在短时间内卵磷脂继续使未溶解的颗粒相黏结，直到溶解为止。这种效应能减少打印层短暂时间内的变形，这段时间正是使黏结剂在粉层中溶解与再分布所需的。也可采用聚丙二醇、香茅醇作打印助剂。

(4) 活化液。活化液中含有溶剂，使黏结剂在其中能活化、良好地溶解。常用的活化液有水、甲醇、乙醇、异丙醇、丙酮、二氯甲烷、醋酸、乙酰乙酸乙醋。

(5) 湿润剂。湿润剂用于延迟黏结剂中的溶剂蒸发，防止供应黏结剂的系统干涸、堵塞。对于含水溶剂，最好用甘油作湿润剂，也可用多元醇，例如乙二醇与丙二醇。

(6) 增流剂。增流剂用于降低流体与喷嘴壁之间的摩擦力，或者降低流体的黏度来提高其流动性，以黏结更厚的粉层，更快地成形工件。可用的增流剂有乙二醇双乙酸盐、硫酸铝钾、异丙醇、乙二醇—丁基醚、二甘醇—丁基醚、三乙酸甘油、乙酰乙酸乙酯，以及水溶性聚合物等。

(7) 染料。染料用于提高对比度，以便于观察。适用的染料有萘酚蓝黑与原生红。

采用上述添加物时，除活化液外，先将黏结剂、填充物、增强纤维、打印助剂、湿润剂、增流剂、染料与成形材料(如陶瓷粉)构成混合物，并将此混合物一层层地铺设在工作台上，然后再用喷头选择性地喷射活化液，使黏结剂在其中活化、溶解而产生黏结作用。显然，由于黏结剂已先混合在成形材料中，不必另外用喷头喷射,因此,与喷洒黏结剂的3D打印成形相比,喷嘴与供料系统不易堵塞,可靠性更高。

2.7 黏结剂喷射式 3D 打印的典型应用

黏结剂喷射式3D打印的应用突出表现在以下三方面。

2.7.1 连续渐变全彩色柔性/高强度塑料件的 3DP 打印成形

成形全彩色工件是3D打印机的一个重要应用方向,目前,具有这种功能的打印机有多喷头喷射式(例如 PolyJet、MultiJet)3D打印机和黏粘剂喷射式 3D 打印机。长期以来,以石膏粉为主要成形材料的黏粘剂喷射式 3D 打印机虽然可以成形彩色工件,但是色彩比较单调,工件强度较差,缺乏弹性。3D Systems 公司近年来生产的以塑料粉为成形材料的 ProJet 4500 黏结剂喷射式 3D 打印机采用 ColorJet Printing(CJP)技术,彻底克服了上述弊端,能打印连续渐变色的全彩色柔性/高强度塑料件,成为黏粘剂喷射式 3D 打印的典型应用。图 2-53 是打印的一些连续渐变彩色柔性/高强度塑料件。

CJP 技术按照 CMYK(青、洋红、黄、黑)印刷色彩模式,通过不同的喷头喷射不同比例的这 4 种原色,不仅可使其混合叠加得到丰富的全彩色,拥有近百万个独特色彩的可能性,而且能实现连续渐变,因此用户无需进行后期喷涂,就能使打印件既有绚丽、柔和的表面色彩,又有柔性/高强度,从而可快速、逼真地表达最终产品的特性,非常适合制作消费品、家居用品、玩具、工艺品、建筑模型、时尚用品等。例如图 2-53 中打印的运动鞋,不仅鞋型、样式,连徽标、鞋带孔甚至鞋面上的气眼都与真鞋一模一样。

2.7.2 大型铸造砂模/熔模的 3DP 高效打印成形

由于 ExOne 公司和 Voxeljet 公司生产的大型 3D 打印机采用组合的宽幅多喷嘴喷头,用很高的频率喷射黏结剂,有很高的成形效率(高达 $300 \sim 400$ L/h,即 $0.3 \sim 0.4$ m³/h),而且采用无机黏结剂打印时,可得到类矿石材质的高强度砂模,因此特别适合打印成形大型铸造砂模/熔模(见图 2-54 和图 2-55)。图2-56~图2-59所示是用打印成形的叶轮熔模铸造金属叶轮的过程。

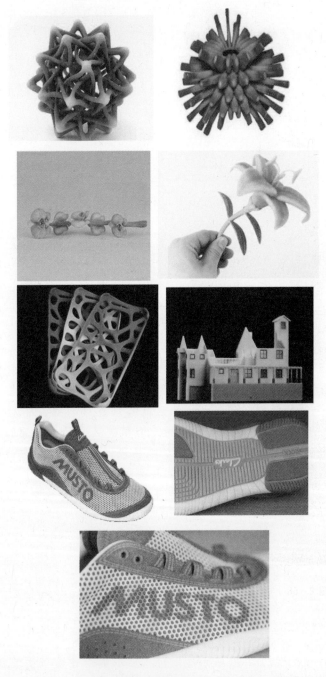

图 2-53　打印的连续渐变彩色柔性/高强度塑料件

图 2-54　Voxeljet 打印机成形的大型砂模

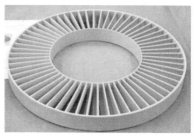

图 2-55　Voxeljet 打印机成形的
大型叶轮熔模

图 2-56　安装浇注系统

图 2-57　浇铸

图 2-58　铸件冷却

图 2-59　最终成形的叶轮

2.7.3　新型控释给药系统的 3DP 打印成形

为克服传统药剂的缺陷，近年来出现了许多新型药剂，例如缓释型给药系统和靶向型给药系统。缓释型给药系统是指通过适当方法控制药物释放的时间、位置或速度，改善药物在体内的释放、吸收、分布代谢和排泄过程，从而达到延长药物作用、减少药物不良反应的一类药剂。靶向型给药系统能将药物直接送达需药目标部位。上述两种新型给药系统合称为控释给药系统。

图 2-60 所示是目前控释给药系统的几种常见剂型。

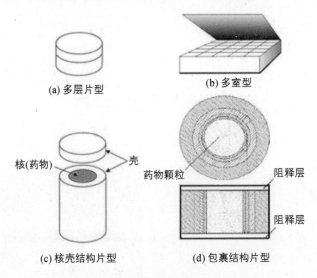

图 2-60　控释给药系统的常见剂型

控释给药系统的结构和成分比较复杂，难以用传统的压片法制作，非常适合用 3D 打印(见图 2-61)。3D 打印药片过程如下：

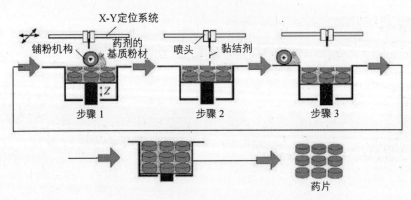

图 2-61　3D 打印控释给药系统的过程

(1) 铺粉机构在成形活塞的顶面均匀地铺上一薄层药片的基质粉材。

(2) 多喷嘴的喷头将黏结剂喷射在已铺好的粉材上，使其构成预定的第一层的结构，同时，喷头也可用另外的喷嘴在这些结构中，按预定的成分与规律喷射药物。

(3) 成形活塞下降一层的高度，然后重复步骤(1)与步骤(2)的过程，构成第二层的结构和药片分布规律，如此循环最终便可得所需药片。

3D 打印药片有以下优点。

1. 可按病情精确制作个性化药物

通常，医生为患者开出的药品是批量生产的产品，无法按照患者的病情调整药品的配方、结构和剂量等，只能靠掰片、多次服药和控制服用时间等简单办法解决，既麻烦又不准确，还会造成大量的药品浪费。采用 3D 打印技术后，医生可按照患者病情的实际需要，用 3D 打印机精确制作该病人特需的个性化药片，从而提高药效，方便服用，使治疗更精确，还可减少批量生产药物的库存。

2. 可为儿童制作人性化趣味药片

儿童通常不喜欢吃药，特别是面对呆板的白色圆形药片。采用 3D 打印机可为儿童制作其喜爱的彩色动物药片、彩色卡通人物药片等(见图 2 - 62)，从而使儿童能顺利、轻松愉快地服药。

图 2 - 62 彩色卡通人物药片

3. 有利于研制新型药物

3D 打印有高度成形灵活性，不受任何几何形状的限制。由于喷射位置、喷射次数、喷射速度可以随意控制，不同的药材可以通过不同喷头喷射，喷射药材可以是溶液、悬浮液、乳液及熔融物等，因此，可以容易地控制局部药片的组成、微观结构及特性，加速新型药物的研制进程。

4. 有利于防止假冒药物

3D 打印的药片可有复杂的外部和内部结构，这种药片难以仿造，有利于防止假冒药物。

由于 3D 打印药片有上述优点，国内外十分重视有关的研发与生产，美国 FDA 已在 2015 年 7 月批准了首款采用 3D 打印技术制作的抗癫痫药——左乙拉西坦速溶片(见图 2-63)上市。这种药片由美国 Aprecia 公司生产，商品名为 Spritam，是一种薄荷口味的白色圆片，具有多孔结构，只需一小口水就能迅速崩解成便于吞咽的细小颗粒，可以增加儿童、老年人或有精神障碍的患者用药的顺应性。

图 2-63　3D 打印的左乙拉西坦速溶片

2.8　奥基德信 3DP PS-201 黏结剂喷射式 3D 打印机

1. 3DP PS-201 打印机

图 2-64 所示是广东奥基德信机电有限公司生产的 PS-201 型小型黏结剂喷射式 3DP 打印机。

图 2-64　广东奥基德信机电有限公司 PS-201 型的 3DP 打印机

2. 3DP PS-201 打印机的主要技术参数

3DP PS-201 打印机的主要技术参数见表 2-12。

表 2-12　3DP PS-201 打印机的主要技术参数

参数　　型号	3DP PS-201
工作台面 $L \times W \times H$	尺寸不小于 210 mm×210 mm×150 mm
喷头类型	工业喷头或类似
	功率 100 W
	打印墨盒
	泡式或压电式
外形尺寸($L \times W \times H$)	825 mm×610 mm×830 mm
预热工作温度场	常温
铺粉辊系统	可调试铺粉辊铺粉系统,使做出的产品质量得到保证
打印层厚	0.08~0.5 mm 连续可调
喷射速度	喷射速度 5.5 ppm
工作腔体	1 个工作缸、1 个送粉缸、4 个收粉缸
送粉模式	来回送粉
打印支撑	无需支撑
加工精度/mm	±0.1/100 mm
电源要求	220 V, 50 A
可靠性	无人看管自动工作,故障自动停机
软件工作平台	Windows 操作系统以及自主软件系统
设备应用软件	OGGI 3D 系列软件,可以实现数据处理到打印过程的高效控制
成形材料	覆膜砂、石膏、塑料等各种材料的成型

3. 3DP PS-201 打印机产品结构介绍

图 2-65 所示是广东奥基德信机电有限公司生产的黏结剂喷射式 3D 打印机主要结构件,以及功能件介绍。

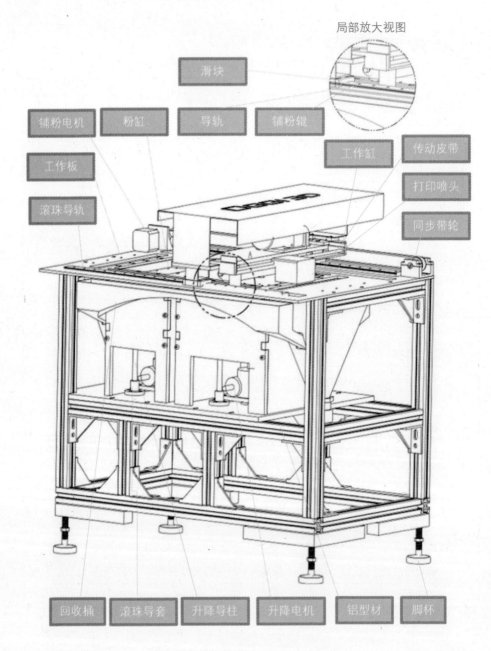

局部放大视图

滑块

铺粉电机　　粉缸　　导轨　　铺粉辊

工作板　　　　　　　　　　　工作缸　　传动皮带

滚珠导轨　　　　　　　　　　　　　　打印喷头

　　　　　　　　　　　　　　　　　　同步带轮

回收桶　　滚珠导套　　升降导柱　　升降电机　　铝型材　　脚杯

图 2 - 65　主结构件及功能件示意图

4. 3DP PS - 201 自主切片控制软件和操作步骤

进入 OGGI Power - 3D 软件系统后,打开一个 STL 文件,将出现如图

2-66 所示的主窗口。

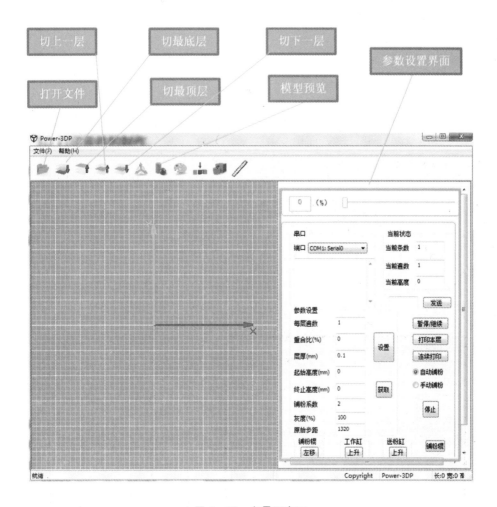

图 2-66　主界面窗口

1）菜单项

主界面窗口有两个菜单项，分别为"文件"和"帮助"。点开"文件"菜单，如图 2-67 所示。

图 2-67　"文件"菜单

"新建"：重新设置打印图形及参数。

"最近打开的文件"：显示最近打开过的文件。

2）工具栏

工具栏一行从左到右分别对应为"打开文件"、"切最底层"、"切最顶层"、"切上一层"、"切下一层"、"回原点"、"模型预览"、"颜色设置"、"模型管理"、"模型变换"、"测量距离"。

"打开文件"：打开一个用户想要加工的 STL 文件。

"切最顶层"：显示最顶层的切片图形。

"切最底层"：显示最底层的切片图形。

"上切一层"：显示上一层的切片图形。

"下切一层"：显示下一层的切片图形。

"回原点"：使铺粉装置回到原始起点上。

"模型预览"：单击该工具，出现如图 2-68 所示窗口，可以观察模型的三维图。

"颜色设置"：单击该工具，出现如图 2-69 所示对话框，可调节相关的颜色显示。

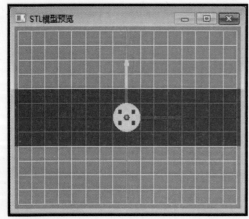

图 2-68　模型预览

图 2-69　颜色设置

"模型管理"：可以重新选择一个要打印的模型。

"模型变换"：单击该工具，出现如图 2-70 所示对话框，可通过设置旋转角度，使模型沿 X、Y、Z 轴旋转任意的角度，也可设置平移距离，移动模型的位置。

"测量距离"：可以测量模型相关的尺寸。

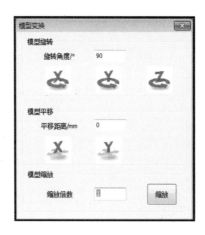

图 2-70 模型变换

3）各参数要求及操作步骤

进入操作界面后单击右面的"端口"，则显示如图 2-71 所示。

★ 特别注意：每次拔 USB 线要重新初始化串口。

图 2-71 初始化成功界面

【每层遍数】：一般设定为 1。

【重合比(%)】：一般设定为 4。

【层厚(mm)】：一般设定为 0.1～0.2。

以上 3 个数设定后，点击"设置"。

【铺粉系数】：一般设定为 2。

【灰度(%)】：一般设定为 100。

【原始步距】：一般设定为 296。

以上 3 个数设定后，点击"获取"。

在"发送"按钮左边的空白框处：

(1) 输入"YD07100"，点击"发送"；

(2) 输入"SD00400"，点击"发送"；

(3) 输入"CA00140"，点击"发送"；

(4) 输入"CB00300"，点击"发送"；

(5) 然后点击"连续打印"，开始自动打印零件。

4）状态栏

状态栏如图 2-72 所示，总共 5 格，第一格显示工具提示，第二格显示鼠标位置，第五格显示当前零件的长、宽、高。

| 就绪 | (x:157.50,y:-152.50) | Copyright | Power-3DP | 长:0 宽:0 高:0 |

图 2-72 状态栏

5. 3DP PS-201 材料介绍

图 2-73 所示是广东奥基德信机电有限公司自主研发的覆膜砂,具有高强度、低发气、耐高温、低膨胀、易溃散、抗氧化等优良特性,覆膜砂系列产品适用于铸铁,铸钢及非合金铸件,更是汽车、拖拉机、液压件的最佳铸造材料,以及 PP、石膏、塑料等材料。

图 2-73 3D 打印用的覆膜砂

6. 3DP PS-201 打印的产品及浇注

图 2-74 是使用 3DP PS-201 打印机打印的小叶轮的砂芯、砂型以及浇注铸件过程。

(a) 打印的叶轮砂芯及上、下砂型　　(b) 装配好的叶轮砂型　　(c) 浇注的叶轮铸件

(d) 熔化合金的炉子　　(e) 正在往叶轮砂型浇注金属液

图 2-74 3D 打印的叶轮砂芯、砂型及铸件的浇注

7. 3D 打印制件的尺寸精度检测

国内外的 3D 打印机均采用如图 2 - 75 所示的标准试样对制件的尺寸精度进行检测。用被检测制件的粉末材料打印出标准试样，对经后处理后的标准试样进行尺寸检测(根据不同机型可缩放或放大视图)，将检测结果填写在表格中并写出评价意见(见表 2 - 13)。

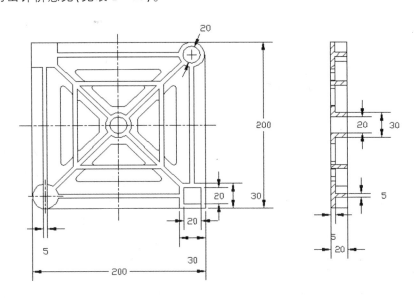

图 2 - 75　3D 打印制件精度检测的标准试样

表 2 - 13　3D 打印标准试样尺寸检测结果

检验项目	名义尺寸 /mm	方向	测 试 结 果			
			第一次/mm	第二次/mm	第三次/mm	平均/mm
长	200	X				
宽	200	Y				
高	20	Z				
壁厚	5	X				
		Y				
检测结果评价：						

8. PS - 201 型 3DP 打印机的优点及用途

PS - 201 型 3DP 打印机的优点和用途如下：

(1) 具有加工应用范围广，打印材料多样性，制造复杂制件不增加成本，设计空间无限，零技能制造，减少废弃副产品，精确的实体复制，成型产品高强度、高精度、高效率、高致密度、高可靠性、制造快速等特点。

(2) 适用于打印机械行业的铸造件类，发动机的缸盖、腔体。适用于加工各种形状复杂的二维、三维模型及复杂的型腔。适用于概念模型、销售营销展示模型、教学模型、陶艺产品等模型的制作。它是一种以数字模型文件为基础，运用粉末状金属或塑料等可粘合材料，通过逐层打印的方式来构造物体的技术。它无需机械加工或任何模具，就能直接从计算机图形数据中生成任何形状的零件，从而极大地缩短产品的研制周期，提高生产率和降低生产成本。

(3) 机械主要结构件是铝型材和 304 不锈钢板，整体结构紧凑，外形美观大方。铝型材和 304 不锈钢板均采用大型激光机械切割，保证安装精度，使得3D 打印机具有良好的稳定性、强度及刚性。

(4) 操作面板按人机工程学科学布局，易于操作，符合安全规范；配便携式笔记本电脑，灵活方便操作；空气开关、按钮、电机、电源、控制模块、轴承喷头等均采用名牌优质器件，保证整体 3D 打印机的高可靠性。

(5) Z、Y 轴电机采用直流步进电机，Z、Y 轴电机驱动器采用数字式步进驱动器，通过高精度预紧滚珠丝杆直接传动，适用于加工制作高精度工件。

(6) Z 轴传动的滚珠丝杆采用高精度预紧滚珠丝杆，滚珠丝杆两端轴承均采用进口滚珠丝杆专用轴承。联轴器采用进口联轴器，从而使得 Z 轴的传动刚性强，精度稳定可靠。

(7) 工作腔的工作缸采用 SWL0.5T 蜗轮蜗杆升降机减速器，有两根高精度高强度导柱导向，机器使用的导套为具有免润滑、耐腐蚀、耐磨损、耐灰尘、摩擦系数小、静音等优点的工程塑料齿形导套，以保证工作缸进行精度，确保成形制件精度。

(8) 送粉方式为上送粉，可控制送粉数量及速度，铺粉辊所需电机功率低，减少能耗。铺粉辊的用步进电机驱动，经齿形同步带轮，带动皮带沿导轨滑动，各配件经过受力分析，设计合理，运动载荷性好，减低爬行现象，使得铺粉辊移动平稳，提高了制件精度。

(9) 采用的喷头为惠普墨盒，喷头耐用、高效，使用寿命长，可靠性高，大大提高了打印制件的质量。

(10) 采用高性能、高可靠性的自主开发的程序系统，通过便携式的笔记本电脑主机控制，可根据不同粉末材料调试各种打印参数。方便大容量程序的快速高效传输和在线加工；多段预读控制尤其适合于高速大容量程序的加工和教学演示。

9. 3DP PS-201 打印产品图片

如图 2-76 所示的产品均由 3DP PS-201 打印机打印。

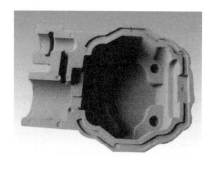

图 2-76　奥基德信 3DP PS-201 打印产品图片

第3章　熔丝制造式3D打印

3.1　熔丝制造式3D打印机的工作原理

Stratasys 公司于 1993 年发明了材料挤压成形工艺并研制了首台材料挤压(Fused Deposition Modeling, FDM)式 3D 打印机,如图 3 - 1(a)所示),直译为"熔融沉积成形"这种打印机是实现材料挤压式工艺的一类增材制造装备。现在将这种 3D 打印机称为熔丝制造(Fused Filament Fabrication, FFF) 式 3D 打印机,简称 FFF 3D 打印机。

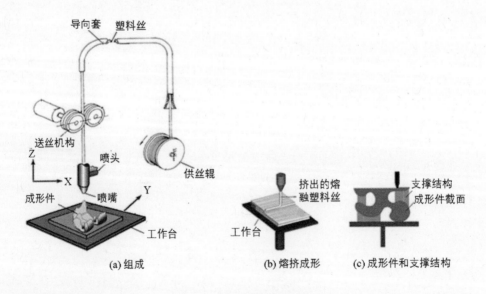

图 3-1　FFF 3D 打印机原理

FFF 3D 打印机的工作过程是：在计算机的控制下，按照工件 CAD 模型确定的截面层轮廓信息，挤压式喷头做水平 X 方向的运动，同时工作台做水平 Y 方向的运动。缠绕在供丝辊上的热塑性塑料丝(如 ABS、PLA、PC 等)由辊轮式送丝机构送入喷头，在喷头中受热成为熔融态塑料"墨水"，然后，通过喷嘴挤出并沉积在工作台上，如图 3-1(b) 所示)，快速冷却固化后形成工件截面轮廓和支撑结构，如图 3-1(c) 所示。工件的一层截面成形完成后，喷头上升一个截面层的高度(一般为 0.1~0.2 mm)，再进行下一层截面的沉积，如此循环，最终形成三维工件。

FFF 3D 打印机的喷头和送丝机构有密切的关系，二者构成熔挤系统，使塑料丝进入喷头并受热熔融，再通过喷嘴挤出后沉积至工作台上。通常熔挤系统为辊轮式结构，如图 3-2 所示，系统使用的原材料通常为 $\phi 1.75$ mm、$\phi 3$ mm、$\phi 4$ mm 的塑料丝，这种丝料缠绕在供丝辊上，由主驱动电机和附加送丝电动机共同驱动。其中，主驱动电机是微型步进电动机，它通过齿形同步带或链条带动 3 对驱动辊的右部 3 个主动辊。在弹簧和压板的作用下，驱动辊的

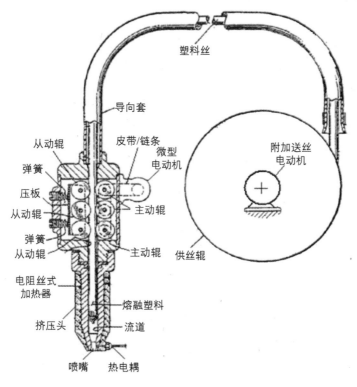

图 3-2　辊轮式熔挤系统

左部 3 个从动辊与右部 3 个主动辊夹紧从中穿过的塑料丝，由于辊轮与线材之间的摩擦力作用，塑料丝向喷头的喷嘴送进。供丝辊与喷头之间有导向套，它用低摩擦因数的材料(如特氟隆)制成，使塑料丝能顺利、准确地经供丝辊被送至喷头的内腔。喷头的前端有电阻丝式加热器，塑料丝经加热器加热熔融，然后通过挤压经小喷嘴(内径通常为 0.30～0.40 mm)沉积至工作台上，并在冷却后形成工件的截面轮廓。由于受结构的限制，加热器的功率不可能太大，因此，塑料丝一般为熔点不太高的热塑性塑料。

3.2　熔丝制造式 3D 打印机的型式

3.2.1　桌面级 FFF 3D 打印机

1. Stratasys FFF 3D 打印机

Stratasys 公司初期生产的 FFF 3D 打印机只有一个喷头，此喷头采用同一种丝材沉积工件的截面轮廓和支撑结构，如此会导致成形后支撑结构不易从工件上剥离。由于存在上述问题，Stratasys 公司后来生产的 FFF 3D 打印机采用 2 个材料挤压式喷头(见图 3-3)，其中，一个喷头用于挤压沉积成形材料，另一个喷头用于挤压沉积支撑材料(例如水溶性材料)，以便成形后容易从工件上去除支撑结构。

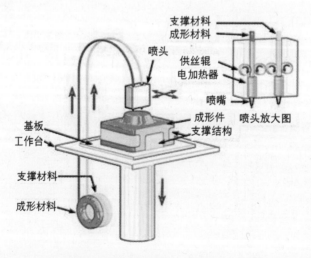

图 3-3　双喷头 FFF 3D 打印机结构

Stratasys 公司生产的 FORTUS 系列 FFF 3D 打印机见图 3−4。图 3−5 所示是 FORTUS 系列 FFF 3D 打印机的结构。表 3−1 所示是 Stratasys 公司生产的 FFF 3D 打印机的主要技术参数,其中,FORTUS 900mc 在 X 方向和 Z 方向的成形尺寸达到 914 mm。表 3−2 所示是 Stratasys 公司生产的 FFF 3D 打印机用的成形材料的特性,支撑材料为水可溶材料或手工易剥离材料 BASS。在这种 3D 打印机上用 ABS 等材料成形时,工件会有较大的翘曲变形,为消除上述弊端,必须将成形室封闭并加热至恒定温度(约 70℃),使工件一直处于保温状态,从而减小翘曲变形,保证应有的几何精度。图 3−6 所示是 FORTUS 系列打印机的成形件。

图 3−4 FORTUS 系列 FFF 3D 打印机

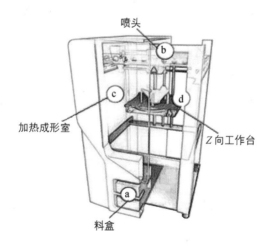

图 3−5 FORTUS 系列 FFF 3D 打印机结构

图 3-6 FORTUS 系列打印机的成形件

表 3-1 Stratasys 公司生产的 FFF 3D 打印机的主要技术参数

技术参数	FORTUS 250 mc	FORTUS 360 mc	FORTUS 400 mc	FORTUS 900 mc	Dimension Elite
成形室尺寸 /mm	254×254 ×305	355×254×254 406×355×406	355×254×254 406×355×406	914×610×914	203×203×305
分层厚度 /mm	—	—	—	—	0.178, 0.254
成形材料	ABSplus -P430	ABS-M30 PC-ABS PC	ABSi PC-ISO ABS-M30 PC ABS-M30i ULTEM 9085 ABS-ESD7 PPSF PC-ABS	ABSi PC-ISO ABS-M30 PC ABS-M30i ULTEM 9085 ABS-ESD7 PPSF PC-ABS	ABSplus -P430
成形件 精度	±0.241 mm	±0.127 mm 或±0.0015 mm/mm	±0.127 mm 或±0.0015 mm/mm	±0.089 mm 或±0.0015 mm/mm	—
外形尺寸 /cm	838×737 ×1143	1281×896 ×1962	1281×896 ×1962	2772×1683 ×2027	838×737× 1143
质量/kg	148	593	593	2869	148

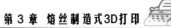

表 3 - 2　Stratasys 公司生产的 FFF 3D 打印机用的成形材料特性

特性		ABSplus	ABSi	ABS-M30	ABS-M30i	ABS-ESD7	PC-ABS	PC-ISO	PC	ULTEM 9085	PPSF
分层厚度/mm	0.330	√	√	√	√	—	√	√	√	√	√
	0.254	√	√	√	√	√	√	√	√	√	√
	0.178	√	√	√	√	√	√	√	√	—	—
	0.127	—	√	√	√	√	√	—	√	—	—
支撑材料		可溶	可溶	可溶	可溶	可溶	可溶	BASS	BASS可溶	BASS	BASS
颜色		象牙白,黑,深灰,红,蓝,橄榄绿,油桃,荧光黄	半透明自然,半透明琥珀,半透明红	象牙白,黑,深灰,红,蓝	象牙白	黑	黑	白,半透明自然	白	茶色	茶色
密度/(g/cm³)		1.04	1.08	1.04	1.04	1.04	1.10	1.2	1.2	1.34	1.28
拉伸模量/MPa		2265	1920	2400	2400	2400	1900	2000	2300	2200	2100
抗拉强度/MPa		36	37	36	36	36	41	57	68	71.6	55
断后伸长率/%		3.0	3.4	3.0	3.0	3.0	6.0	3.0	5.0	6.0	3.0
弯曲模量/MPa		2198	1920	2300	2300	2400	1900	2100	2200	2500	2200
抗弯强度/MPa		52	62	61	61	61	68	90	104	115.1	110
缺口冲击强度/(J/m)		96	96.4	139	139	111	196	86	53	106	58.7
热变形温度/℃	0.45MPa下	96	86	96	96	96	110	133	138		
	1.8MPa下	82	73	82	82	82	96	127	127	153	189
玻璃化转变温度/℃		—	116	108	108	108	125	161	161	186	230

2. 富奇凡 FFF 3D 打印机

上海富奇凡机电科技有限公司(简称富奇凡公司)生产的 HTS 系列 FFF 3D 打印机如图 3-7 所示,有台式和立式两种,采用辊轮—螺杆式熔挤系统(见图 3-8),挤压喷头内的螺杆和送丝机构,用可沿 R 方向旋转的同一步进电动机驱动,送丝机构由传动齿轮和两对送丝辊组成。外部计算机发出控制指令

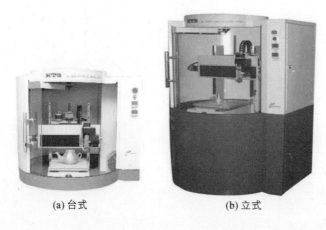

(a) 台式　　　　　　　　　　(b) 立式

图 3-7　富奇凡公司生产的 HTS 系列 FFF 3D 打印机

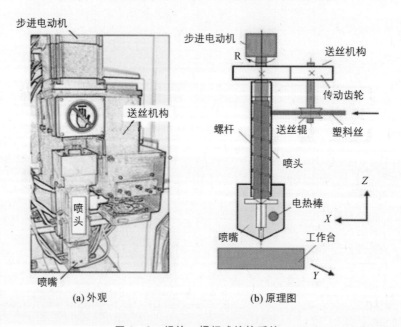

(a) 外观　　　　　　　　　　(b) 原理图

图 3-8　辊轮—螺杆式熔挤系统

后，步进电动机驱动螺杆，同时，又通过传动齿轮驱动送丝辊，将直径 4 mm 的塑料丝送入喷头。在喷头中，由于电热棒的加热作用，塑料丝呈熔融状态，并在变截面螺杆的推挤下，通过直径为 0.2～0.5 mm 的可更换喷嘴沉积在工作台上，并在冷却后形成工件的截面轮廓。这种熔挤系统的驱动步进电动机功率大，能产生很大的挤压力，因此，能采用黏度很大的熔融材料，成形工件的截面结构密实，品质好。这种 FFF 3D 打印机采用单个挤压喷头，成形材料和支撑材料为同种材料，借助沉积工艺与参数的变化使支撑结构易于去除。所用的塑料丝是尼龙基丝料，不吸潮，成形时翘曲变形很小，成形室无需封闭加热保温，就能保证成形件具有良好的尺寸精度与表面品质。

表 3-3 所示是 HTS 系列 FFF 3D 打印机的主要技术参数。

表 3-3 HTS 系列 FFF 3D 打印机的主要技术参数

技术参数	HTS-200	HTS-300	HTS-400L	HTS-450L
形式	台式	台式	立式	立式
成形室尺寸/mm	280×250×200	280×250×300	360×320×400	400×400×450
成形件精度/mm	±0.2	±0.2	±0.2/100	±0.2/100
驱动系统	X 与 Y 轴：伺服电机通过精密滚珠丝杠驱动，精密直线导轨导向 Z 轴：步进电机通过精密滚珠丝杠驱动，精密直线导轨导向 R 轴：步进电机直接驱动			
温控系统	实时测温控制(±1℃)			
切片软件	HTS 切片软件			
外部计算机要求	普通 PC 机			
文件输入格式	STL 格式			
成形材料	直径 4 mm 的塑料丝			
外形尺寸/mm	950×820×800	950×820×900	1000×1000×1800	1100×1100×1800
质量/kg	100	120	—	—

3. 殷华 FFF 3D 打印机

图 3-9 所示是北京殷华激光快速成形与模具技术有限公司(简称殷华公司)生产的 FFF 3D 打印机，表 3-4 所示是殷华公司生产的 FFF 3D 打印机的主要技术参数。

图 3 - 9　殷华公司生产的 FFF 3D 打印机

表 3 - 4　殷华公司生产的 FFF 3D 打印机的主要技术参数

技术参数	GI - A	E - TOP	MEM320	MEM450
成形室尺寸/mm	255×255×310	310×280×310	320×320×350	400×400×450
成形件精度 /(mm/mm)	±0.2/100	±0.2/100	±0.2/100	±0.2/100
分层厚度/mm	0.15～0.40			
文件输入格式	STL 格式			
成形材料	ABS B203, ABS T601, 直径 1.75 mm			

4. MakerBot 桌面级 FFF 3D 打印机

MakerBot 公司生产的桌面级 FFF 3D 打印机如图 3 - 10 所示，其结构如图 3 - 11 所示，这种小型 3D 打印机用步进电动机通过同步齿形带驱动挤压喷头，使其沿 X 轴、Y 轴的两端支承的圆柱导轨运动(见图 3 - 12)。表 3 - 5 是 MakerBot FFF 3D 打印机的主要技术参数。

(a) Replicator Mini　(b) Replicator　　(c) Replicator 2　　(d) Replicator 2X　(e) Replicator Z18

图 3 - 10　MakerBot 公司生产的桌面级 FFF 3D 打印机

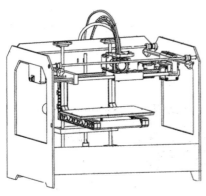

图 3 - 11 MakerBot FFF 3D
打印机示意图

图 3 - 12 MakerBot FFF 3D 打印机的
驱动系统

表 3 - 5 MakerBot FFF 3D 打印机的主要技术参数

技术参数	Replicator Mini	Replicator	Replicator 2	Replicator 2X	Replicator Z18
成形室尺寸 /mm	100×100 ×125	252×199 ×150	285×153 ×155	285×153 ×155	305×305 ×457
分层厚度 /mm	0.2	0.1	0.1,0.2,0.3	0.1,0.2,0.3	0.1
喷头数量	1	1	1	2	1
喷嘴直径 /mm	0.4	0.4	0.4	0.4	0.4
喷嘴最高 温度/℃	—	—	230	230	
基板材料	亚克力	玻璃	亚克力	阳极电镀356F 铝合金	PC - ABS
基板加热 温度/℃	—	—	120	120	
运动速度 /(mm/s)	—	—	80	80	
定位精度 /mm	X/Y:0.011 Z:0.0025	X/Y:0.011 Z:0.0025	X/Y:0.011 Z:0.0025	X/Y:0.011 Z:0.0025	X/Y:0.011 Z:0.0025
成形材料	PLA(聚乳酸)	PLA	PLA	ABS,PLA	PLA
成形件精度 /mm	0.2	—	—	—	—
外形尺寸 /mm	295×310 ×381	490×320 ×380	490×320 ×380	490×320 ×531	493×565 ×829
质量/kg	8	16	11.5	12.6	41

5. 闪铸桌面级 FFF 3D 打印机

浙江闪铸三维科技有限公司(简称闪铸公司)生产的桌面级 FFF 3D 打印机如图 3-13 所示。表 3-6 是闪铸 FFF 3D 打印机的主要技术参数。

| (a) Finder | (d) Dreamer | (c) Creator Pro | (d) Dreamer Pro |

图 3-13 闪铸公司生产的桌面级 FFF 3D 打印机

表 3-6 闪铸 FFF 3D 打印机的主要技术参数

技术参数	Finder	Dreamer	Creator Pro	Dreamer Pro
成形室尺寸 /mm	140×140 ×140	230×150 ×140	230×150 ×155	230×150 ×160
分层厚度/mm	0.1—0.4	0.1—0.5	0.05—0.5	0.1—0.5
喷头数量	1	2	2/1	2
喷嘴直径/mm	0.4	0.4	0.4	0.4
推荐喷头 温度/℃	220	230	220—230	220—260
喷头流量 /(cc/h)	24	24	24	24
基板加热 温度/℃	不加热	ABS:110—115 PLA:50	—	120
运动速度 /(mm/s)	40—200	40—200	最高 200	40—200
定位精度/mm	X/Y:0.011 Z:0.0025	X/Y:0.011 Z:0.0025	X/Y:0.011 Z:0.0025	X/Y:0.011 Z:0.0025
成形材料	PLA	ABS,PLA, PVA (聚乙烯醇)	ABS,PLA, PVA	ABS,PLA, PVA
成形件精度 /mm	0.1	0.1	0.1—0.2	0.1
外形尺寸 /mm	420×420 ×420	480×400 ×335	480×338 ×385	480×400 ×335
质量/kg	11	11	15	11

6. 太尔时代桌面级 FFF 3D 打印机

北京太尔时代科技有限公司(简称太尔时代公司)生产的桌面级 FFF 3D 打印机如图 3-14 所示,表 3-7 是太尔时代 FFF 3D 打印机的主要技术参数。

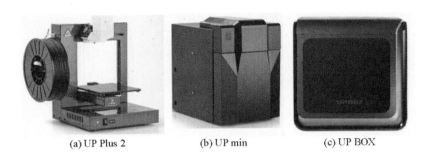

(a) UP Plus 2　　　(b) UP min　　　(c) UP BOX

图 3-14　太尔时代公司生产的桌面级 FFF 3D 打印机

表 3-7　太尔时代 FFF 3D 打印机的主要技术参数

技术参数	UP Plus 2	UP min	UP BOX
成形室尺寸/mm	138×135×138	120×120×120	255×205×205
分层厚度/mm	0.15/0.20/0.25 /0.30/0.35/0.40	0.2/0.25/0.30/ 0.35	0.1/0.15/0.20 /0.25 /0.30 /0.35 /0.40
喷头数量	1	1	1
基板	加热	加热	加热
成形材料	ABS, PLA	ABS, PLA	ABS, PLA
成形件精度/mm	0.15	0.2	—
外形尺寸/mm	245×350×260	240×355×340	485×520×495
质量/kg	5	6	20

7. 奥基德信桌面级 FFF 3D 打印机

广东奥基德信机电有限公司(简称奥基德信公司)生产的桌面级 FFF 3D 打印机如图 3-15 所示,图 3-16 为 OGGI 3D Q 系列打印机生产的成形件,表 3-8 是奥基德信 FFF 3D 打印机的主要技术参数。

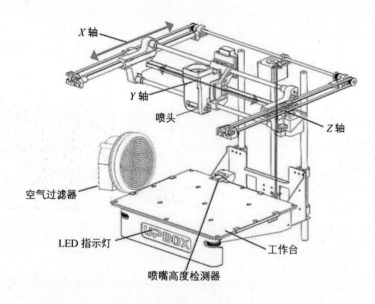

图 3-15　奥基德信公司生产的桌面级 FFF 3D 打印机

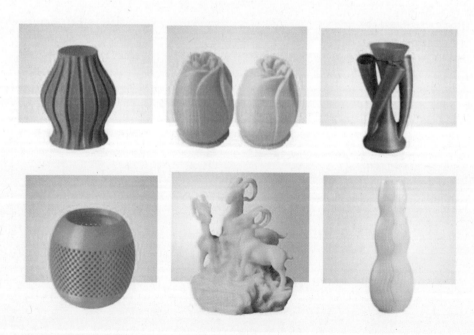

图 3-16　OGGI 3D Q 系列打印机的成形件

表 3 - 8　奥基德信 OGGI 3D 打印机的主要技术参数

技术参数	Q06	Q03	Q05	T01
成形室尺寸 /mm	140×140×140	160×160×169	280×280×200	220×220×280
分层厚度 /mm	0.15/0.20/0.25 /0.30/0.35/0.40	0.2/0.25/0.30 /0.35	0.1/0.15/0.20 /0.25 /0.30 /0.35/0.40	0.1/0.15/0.2 0/0.25 /0.30 /0.35 /0.40
喷头数量	1	1	1	1
基板	加热	加热	加热	加热
成形材料	ABS, PLA	ABS, PLA	ABS, PLA	ABS, PLA
成形件精度 /mm	0.15	0.2	0.15	0.15
外形尺寸 /mm	275×385×380	250×340×360	490×430×480	430×380×700
质量/kg	8	6	40	20

3.2.2　大型工业级 FFF 3D 打印机

近年来，由于汽车、灯具、家具等行业研制大型器件的需求，出现了一批大型工业级 FFF 3D 打印机，例如博力迈 FFF 3D 打印机、BigRep FFF 3D 打印机和 3DP Unlimited FFF 3D 打印机等。这些打印机的 $X/Y/Z$ 运动部件多数采用基于铝合金型材的工业级模组构件，这种模组集成了驱动电动机、同步传动带(或精密丝杠)和精密导轨等，其结构紧凑，刚度和强度好，经久耐用，是外购批量生产的定型产品，因此可有效地简化设计与制造，降低成本。

1. 博力迈大型 FFF 3D 打印机

昆山博力迈三维打印科技有限公司(简称博力迈公司)生产的 PRE 系列 FFF 3D 打印机有立式与台式两种，其 Y 方向的打印件长尺寸分别为 500 mm、750 mm、1000 mm、1200 mm。图 3 - 17 所示是 PRE 500 立式 FFF 3D 打印机，在 X 方向(见图 3 - 18)，步进电动机通过齿形同步带驱动挤压喷头沿圆柱滚珠

导轨做 X 方向运动。在 Y 方向(见图 3-19),步进电动机通过齿形同步带、同步轴、左支撑架和右支撑架,驱动活动门架、活动横梁和挤压喷头沿圆柱滚珠导轨做 Y 方向运动。在 Z 方向(见图 3-20),步进电动机通过齿形同步带、同步轴,驱动活动横梁和挤压喷头沿圆柱滚珠导轨做 Z 方向运动。为防止断电时活动横梁和挤压喷头因自重而下滑,设置了与步进电动机输出轴相连的制动器(见图 3-21)。

图 3-17　PRE 500 立式 FFF 3D
　　　　 打印机

图 3-18　X 方向驱动机构

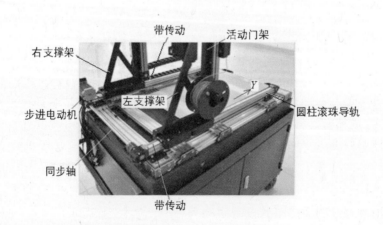

图 3-19　Y 方向驱动机构

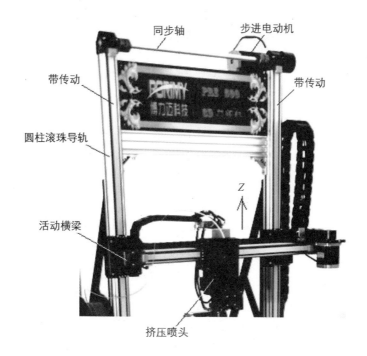

图 3 - 20　Z 方向驱动机构

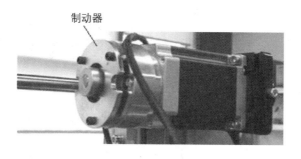

图 3 - 21　制动器

　　在 PRE 系列 FFF 3D 打印机挤压喷头(见图 3 - 22)的后面设置了测量头(见图 3 - 23),在开始打印之前,此测量头能旋转至向下垂直位置(见图3 - 24),并自动测量固定在工作台上的硼硅玻璃基板表面周边 9 点的高度差,计算出玻璃基板的倾斜度,用于在打印工作时自动补偿挤压喷头的高度。

　　表 3 - 9 所示是博力迈公司生产的 PRE 500 FFF 3D 打印机的主要技术参数。图 3 - 25 是 PRE 500 FFF 3D 打印机的成形件。

图 3-22　挤压喷头

挤压喷头

测量头　　　硼硅玻璃基板

图 3-23　测量头与基板

图 3-24　旋转至向下垂直位置的测量头

表 3-9　PRE 500 FFF 3D 打印机的主要技术参数

技术参数	PRE 500
成形室尺寸	300 mm(宽)×500 mm(长)×450 mm(高)
分层厚度	0.2 mm, 可调
成形件精度	±0.2 mm/100 mm
成形材料	直径 1.75 mm 或 3 mm 丝材: ABS、PLA(聚乳酸)、PolyPlus PLA(高品质聚乳酸)、PolyMax PLA(高强度聚乳酸)、PolyFlex(柔性聚乳酸)、PolyWood(仿木聚乳酸)、PolyMaker PC-Plus(聚碳酸酯)
挤压头加热温度	≤230℃, 可调
工作台基板	硼硅玻璃板, 加热温度可调
驱动系统	步进电动机
断电故障记录	实时自动记忆打印状态参数
外形尺寸	700 mm(宽)×1000 mm(长)×1000 mm(高)
质量	60 kg

图 3-25　PRE 500 FFF 3D 打印机的成形件

2. BigRep 大型 FFF 3D 打印机

　　BigRep 公司生产的大型 FFF 3D 打印机及其部件结构见图 3-26，BigRep FFF 3D 打印机的主要技术参数见表 3-10，图 3-26 所示是 BigRep FFF 3D 打印机的成形件。

图 3-26　BigRep 公司生产的 FFF 3D 打印机及其部件结构

表 3 – 10　BigRep FFF 3D 打印机的主要技术参数

成形室尺寸	1100 mm×1067 mm×10970 mm
分层厚度	0.1～1 mm
喷头数量	2
喷嘴直径	1 mm
打印速度	200～300 mm/s
成形材料	PLA、LAYWOOD(类木材)、LAYBRICK(类砂岩)
支撑材料	PVA(聚乙烯醇)、PS(聚苯乙烯) 可溶解
外形尺寸	1800 mm×1700 mm×1990 mm
质量	410 kg

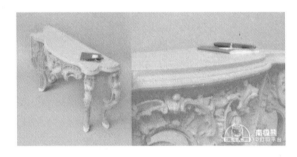

图 3 – 27　BigRep FFF 3D 打印机的成形件

3. 3DP Unlimited 大型 FFF 3D 打印机

3DP Unlimited 公司生产的 3DP1000 大型 FFF 3D 打印机见图 3 – 28,3DP1000 FFF 3D 打印机的主要技术参数见表 3 – 11, 图 3 – 29 是 3DP1000 FFF 3D 打印机的成形件。

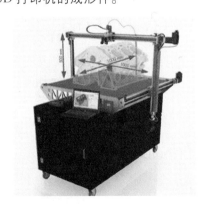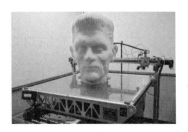

图 3 – 28　3DP Unlimited 公司生产的 3DP1000 大型 FFF 3D 打印机

表 3-11　3DP1000 FFF 3D 打印机的主要技术参数

成形室尺寸	1000 mm×1000 mm×500 mm
分层厚度	0.1 mm
喷嘴直径	0.4 mm
成形材料	直径 3 mm 的 PLA、ABS、PC(聚碳酸酯)
基板	5 mm 厚可加热硼硅玻璃板
外形尺寸	1422 mm×1676 mm×1524 mm
质量	181 kg

图 3-29　3DP1000 FFF 3D打印机的成形件

4. 奥基德信 OGGI FFF 3D 型打印机

图 3-30 所示为广东奥基德信公司生产的 OGGI FFF 3D 型打印机，其外形见图 3-30 (a)、其部件结构见图 3-30(b)，其主要技术参数如表 3-12 所示。

表 3-12　OGGI FFF 3D 打印机的主要技术参数

成形室尺寸	400 mm×400 mm×450 mm
分层厚度	0.1 mm
喷嘴直径	0.4 mm
成形材料	直径 1.75 mm 或 3 mm 的 PLA、ABS、PC(聚碳酸酯)
基板	3 mm 厚可加热铝板
外形尺寸	1000 mm×900 mm×1400 mm
质量	350 kg

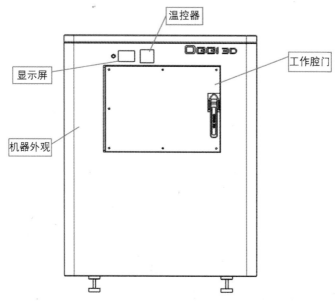

温控器

显示屏

机器外观

工作腔门

(a) OGGI FFF 3D 打印机外形图

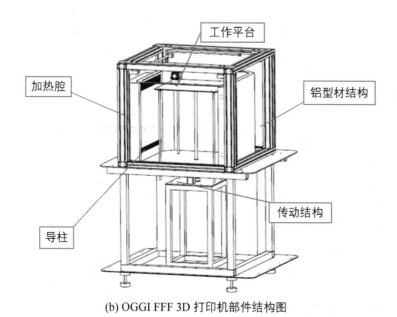

工作平台

加热腔

铝型材结构

传动结构

导柱

(b) OGGI FFF 3D 打印机部件结构图

图 3 - 30　OGGI FFF 3D 打印机及其部件结构

3.3 熔丝制造式 3D 打印工艺分析

3.3.1 打印方向对工件成形的影响

打印方向对工件的表面品质、尺寸精度、支撑结构和成形效率有很大的影响。其中，打印方向对工件表面品质的影响详见第 2 章，下面重点说明打印方向对尺寸精度、支撑结构和成形效率的影响。

1. 打印方向对工件尺寸精度的影响

在打印如图 3-31(a) 所示的细而高的工件时，由于工件的底面较小，与支撑垫的黏结力不够大，同时工件的横向刚度较差，因此，在成形过程中，工件可能不稳定，易于沿横向摇摆，可能造成截面层之间的错位，严重影响工件的尺寸精度与表面品质。为克服上述弊端，可以采用以下 3 种办法：

(1) 在细而高的工件底部增设一个扩大的底面层，如图 3-31(b) 所示，以增加工件与支撑垫的黏结力，工件成形后，使此底面层与工件分离。

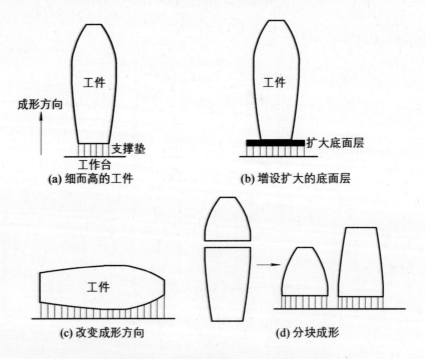

图 3-31 细而高的工件的成形方向

(2) 改变成形方向，将工件沿顺时针方向旋转 90°，如图 3-31(c) 所示，由于旋转后工件与支撑垫的黏结面积和黏结力大大增加，工件的横向刚度也大大增加，在成形过程中，工件稳定，不会摇摆，能提高工件的尺寸精度。这种方法也有缺点：会使工件与支撑垫之间有大面积接触的表面，在剥离支撑后残留痕迹，表面品质受到一定的影响。

(3) 将工件在较大截面处分成两块，分别成形，然后将两块黏结在一起，如图 3-31(d) 所示。这样既可增大工件与支撑垫的接触面积，又可降低成形高度，增大横向宽度，缺点是成形后需要黏结，黏结处有痕迹。

2. 打印方向对支撑结构与成形效率的影响

由于下述原因，通常需要设置支撑结构：

(1) 补偿基底的不平度。

(2) 利于工件与基底的分离。

(3) 使工件悬臂部分能良好成形。在影响支撑结构的诸因素中，成形方向是一个主要因素，下面通过一例予以说明。

例如杯形件，如果开口朝下放置成形，如图 3-32(a) 所示，则其内腔需要很高的支撑结构，明显增加成形时间，降低成形效率，并且，在去除支撑结构后，会在内表面残留痕迹，难以打磨。此外，由于杯口只有很窄的一圈环形面积与支撑垫相连，相互的黏结力不足，易于在成形过程中导致工件错层、翘曲变形；如果开口朝上放置成形，如图 3-32(b) 所示，则只需在其圆弧之下设置很低的支撑，因此可大大缩短成形时间，提高成形效率。但是，如果圆弧部分的曲率不是很平坦，其内壁的光洁度要求不太高，即使按图 3-32(a) 所示放置成形，内腔也可不设置支撑结构，只需底部设置支撑垫，如图 3-32(c) 所示，这样可以比图 3-32(b) 所示的方式成形更节省时间。

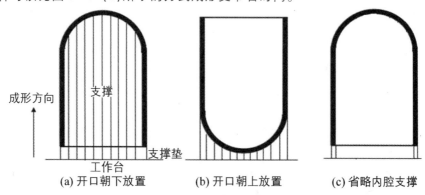

图 3-32　杯形件的成形方向

3.3.2 打印方向的确定

如前所述,打印方向对工件的表面品质、尺寸精度、支撑结构和成形效率有很大的影响,而且,这些影响可能彼此之间会有矛盾。因此,在确定打印方向时,首先应罗列可能的成形方向,然后,比较不同打印方向的优缺点,再根据工件的重点要求,予以取舍。下面通过一些实例来说明确定成形方向的方法与原则。

[**例 3 - 1**]　打印微型缝纫机外罩。

对于图 3 - 33(a)所示微型缝纫机外罩,可能的打印方向有图 3 - 33(b)、(c)与(d)3 种。比较这 3 种打印方向的优缺点:

(a) 微型缝纫机外罩　　(b) 直立放置　　(c) 开口朝上侧向放置　　(d) 开口朝下侧向放置

图 3 - 33　微型缝纫机外罩及其打印方向

(1) 直立放置打印(见图 3 - 33(b)):这种方向成形的优点是,工件与下部支撑垫的接触面为较大的平面,黏结力有保障,成形后工件上表面与直立的内外表面的品质较好。缺点是下表面处需要较多的支撑结构,下表面不够光滑,成形时间较长。

(2) 开口朝上侧向放置打印(见图 3 - 33(c)):这种方向成形的优点是,工件与下部支撑垫的接触面较大,黏结力有保障,工件高度方向尺寸较小,成形时不易发生摇摆、错层,支撑结构较少,直立的内外表面的品质好。缺点是下表面处需要支撑结构,因此下表面不够光滑。

(3) 开口朝下侧向放置打印(见图 3 - 33(d)):这种方向成形的优点是,工件上表面与直立的内外表面的品质较好。缺点是工件与下部支撑垫的接触面只有很窄的环形,黏结力不足,成形时易发生摇摆、错层,所需支撑结构比图 3 - 33(c)所示方向多。

综合比较上述 3 种打印方向,图 3 - 33(c)所示方向显得优点更突出一些。

[**例 3 - 2**]　打印米老鼠。

对于图 3 - 34(a)所示的米老鼠,可能的打印方向有图 3 - 34(b)与(c)两种。比较这两种方向的优缺点:

(1) 直立放置打印(见图3-34(b)):这种方向成形的优点是,除少数需要支撑结构的下表面(如手臂的下表面)之外,其他表面的品质较好。缺点是工件与下部支撑垫的接触面较小,黏结力不足,成形时易发生摇摆、错层,手臂部所需的支撑结构很高,成形时间较长。

(2) 脸部朝上平卧放置打印(见图3-34(c)):这种方向成形的优点是,工件与下部支撑垫的接触面较大,黏结力有保障,工件高度方向尺寸较小,成形时不易发生摇摆、错层,支撑结构较少。缺点是面部等坡度较平缓的表面的台阶效应明显,表面品质不够好,与支撑垫接触的下表面的表面品质也不够好。

(a) 米老鼠　　　　　(b) 直立放置　　　　(c) 脸部朝上平卧放置

图3-34　米老鼠及其打印方向

[例3-3]　打印人头雕塑。

对于图3-35所示人头雕塑,可能的打印方向有图3-35(a)、(b)、(c)与(d)所示4种。比较这4种方向的优缺点:

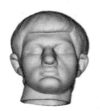

(a) 头顶朝上直立放置打印　　　　　　　　(b) 头顶朝下直立放置

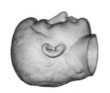
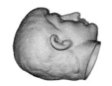

(c) 后脑部朝下平卧放置　　　　　　　　(d) 后颈部朝下平卧放置

图3-35　人头雕塑及其打印方向

(1) 头顶朝上直立放置打印(见图3-35(a)):这种方向成形的优点是,空心头顶部分虽然是悬臂结构,但是由于是封闭曲面,其内表面无要求,鼻、耳等部分的悬臂不严重,因此可能完全无需(或仅需少量)支撑结构,只需在下部设置支撑垫,大部分表面(特别是面部)的品质较好,成形时间较短。缺点是头顶部分的坡度较平缓,台阶效应明显,表面品质不够好,此外,工件与下部支撑垫的接触面只有很窄的环形,黏结力不足,成形时易发生摇摆、错层。

(2) 头顶朝下直立放置成形(见图3-35(b)):这种方向成形的优点是,不必设置支撑结构,只需在下部设置支撑垫,成形时间较短。缺点是头顶部分的坡度较平缓,并与支撑垫接触,因此这一部分的表面品质不够好。

(3) 后脑部朝下平卧放置打印(见图3-35(c)):这种方向成形的优点是,工件高度方向的尺寸较小,与下部支撑垫的接触面积较大,黏结力有保障,成形时不易发生摇摆、错层。缺点是,面部的坡度较平缓,悬臂严重,台阶效应明显,需要大量的支撑结构,成形时间较长。

(4) 后颈部朝下平卧放置打印(见图3-35(d)):与图3-35(c)所示成形方向比较,它沿顺时针方向旋转了一个角度,从而对减少面部的台阶效应有利。

[例3-4] 打印气动工具外壳。

对于图3-36所示的气动工具外壳,可能的打印方向有图3-36(a)、(b)与(c)所示3种。比较这3种方向的优缺点:

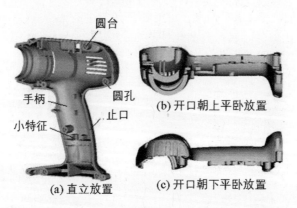

图3-36 气动工具外壳及其打印方向

(1) 直立放置打印(见图3-36(a)):这种方向成形的优点是,只在工件下部有少量坡度较平缓的表面,因此表面品质较好。缺点是,小特征需要大量的支撑结构,而且,工件高度方向的尺寸较大,与下部支撑垫的接触面积较小,黏结力可能不足,成形时易发生摇摆、错层。

(2) 开口朝上平卧放置打印(见图3-36(b)):这种方向成形的优点是,只有朝下的外表面需设置支撑结构,内表面全无支撑结构,因此,成形时间较短,支撑结构易和工件分离,定位特征(止口、圆孔与圆台等)成形精度较高,工件高度方向的尺寸较小,与下部支撑垫的接触面积较大,黏结力有保障,成形时不易发生摇摆、错层。缺点是头中间手柄部分的外表面坡度较平缓,台阶效应明显。

(3) 开口朝下平卧放置打印(见图3-36(c)):这种方向成形的优点是,外表面处无支撑结构。缺点是内表面需要大量的支撑结构,支撑结构不易和工件(特别是小特征)分离,中间手柄部分的外表面坡度较平缓,台阶效应明显。

3.3.3 支撑结构

1. 设置支撑的原则

采用FFF式3D打印时,通常需要在工件的下部设置支撑垫,甚至还要在工件的悬臂部分设置支撑结构。设置支撑的原则如下。

1)补偿基底的倾斜和不平

由于打印机的工作台的制造误差(例如倾斜),以及固定其上的基板的厚度不均匀,会造成基板的上表面倾斜和不平(见图3-37),从而导致成形的工件与基板的黏结不可靠,在此情况下,应首先在基板上成形一定厚度的支撑垫,以便补偿基板的倾斜和不平。

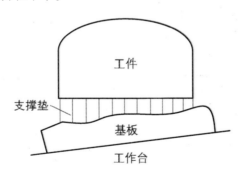

图3-37 补偿基底的倾斜和不平

2)补偿工件下表面的不平

按照选定的打印方向,工件的下表面可能不平,从而导致工件与基板的黏结不可靠,在此情况下,应首先在基板上成形一定厚度的支撑垫,如图3-38所示,以便补偿工件下表面的不平。

在打印工艺品、人体器官模型时,常因无法在工件上找到一块平坦的下表面而必须首先在基板上成形一定厚度的支撑垫,如图3-39、图3-40所示。

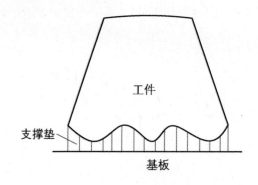

图 3-38　补偿工件下表面的不平

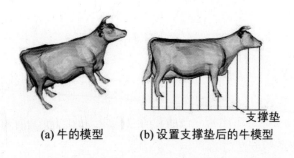

(a) 牛的模型　　　　　(b) 设置支撑垫后的牛模型

图 3-39　在工件(牛)无平坦下表面处设置支撑垫

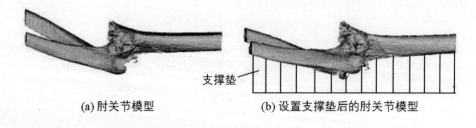

(a) 肘关节模型　　　　　(b) 设置支撑垫后的肘关节模型

图 3-40　在工件(肘关节)无平坦下表面处设置支撑垫

3) 便于工件与基板的分离

即使工件的下表面和基板的上表面都很平，为在打印完成后，工件的下表面能容易地与基板分离，不损伤工件表面，也需在下部首先制作一定厚度的支撑垫。

4) 支撑工件的悬臂部分并使其定位

对于工件上的悬臂部分，特别是孤立、细长的悬臂特征，往往需要在其下表面首先成形支撑结构。可以用临界支撑角 ϕ_c 来判断是否必须设置支撑结构

(见图 3-41)。对于工件上所有下表面的切线与垂直线的夹角 $\phi \geqslant \phi_c$ 的向下表面，由于悬臂较严重，都必须在其之下首先成形支撑结构，否则无法良好成形工件的悬臂部分。

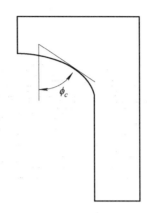

图 3-41　临界支撑角

临界支撑角 ϕ_c 的取值与悬臂结构、打印机类型和成形材料性能有关，例如图 3-42 所示的茶壶，它的壶嘴、壶柄、壶肚和壶口等 4 处都有悬臂特征，这些悬臂可分为两类：

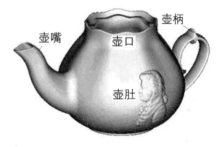

(1) 孤立的悬臂特征，如壶嘴与壶柄。

(2) 封闭的旋转体，如壶肚和壶口。显然，对于相同的夹角 ϕ，封闭旋转体比

图 3-42　茶壶上的悬臂特征

孤立悬臂更易成形。因此，判断是否必须设置支撑结构时，对于旋转体可取较大的 ϕ_c 值，对于孤立的悬臂特征应取较小的 ϕ_c 值；或者说，对于相同的夹角 ϕ，旋转体比孤立悬臂可以设置更少的支撑结构。

采用富奇凡公司生产的 FFF 3D 打印机及成形材料时，对于孤立的悬臂特征，ϕ_c 值可取为 40°。

2. 支撑的结构型式

支撑的结构可以有多种型式，但必须满足以下条件：

(1) 有足够的强度和刚度，能可靠地支撑工件上被支撑的表面。

(2) 结构疏松，易和被支撑表面分离。

(3) 所需成形时间较短，效率较高。

目前,常用的支撑结构主要有以下两种:

1)折叠式

折叠式支撑结构见图3-43,这种支撑结构与水平轴平行,相邻支撑仅在两端相连,中间部分不连接,如同手风琴的风箱,因此,既有一定的强度与刚度,而且易和工件分离。

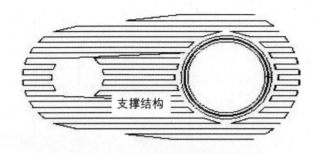

图3-43 折叠式支撑结构

2)脚手架式

脚手架式支撑结构见图3-44,这种支撑结构的相邻支撑不仅在两端相连,而且中间部分也相连,因此,既轻、薄,又有足够的强度与刚度,成形时间较短,可节省原材料。

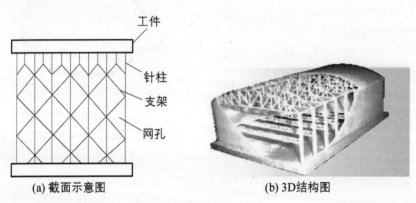

(a)截面示意图 　　　　　　　　　　(b)3D结构图

图3-44 脚手架式支撑结构

3.3.4　打印路径

打印路径包括工件的轮廓线与截面两个部分的打印路径,这些路径通常可分为以下3种:

(1)矢量运动式打印,即沿轮廓线或仿轮廓线打印。

（2）光栅运动式打印，即沿平行于 X 轴或 Y 轴的方向运动打印。

（3）矢量与光栅混合运动式打印。

1. 轮廓线打印路径

工件的每个截面图形由轮廓线及其包围的截面两个部分组成，这两个部分的成形可以有下述两种办法：

（1）将轮廓线与截面合在一起打印。

（2）将轮廓线与截面分开打印。

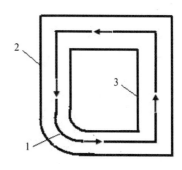

为使工件的轮廓清晰、准确，通常采用第二种方法，即首先打印轮廓线，然后再打印它包围的截面。

例如图 3-45 所示的截面图形，为了获得外轮廓线 2(或内轮廓线 3)，通常采用矢量运动式打印法，即沿着轮廓线 1 运动打印。轮廓线 1 相对轮廓线 2(或轮廓线 3)之间的距离称为偏移量。

图 3-45　轮廓线的打印路径

2. 截面打印路径

截面打印路径是指填充内外轮廓线所包围的截面的路径。通常，截面打印采用以下两种办法。

1) 光栅运动式

采用光栅运动式填充截面时(见图 3-46)，最常见的是，运动线平行于 X 轴或 Y 轴，每变更一层截面，改变一次运动线的方向，即由平行于 X 轴(或 Y 轴)改为平行于 Y 轴(或 X 轴)，这样上下两个截面形成网格，可改善填充效果。

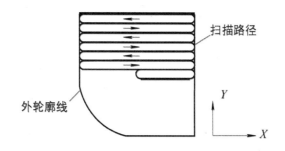

图 3-46　光栅运动式

按运动线的形状，光栅运动又可分为以下两种：

（1）矩形齿状光栅运动。如图 3-47(a)所示，矩形齿状光栅运动是光栅运动最常见的一种形式，在这种情况下，打印机的运动部件仅需做 X(或 Y)单一方向的运动，没有合成运动，比较简单。

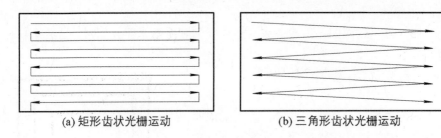

(a) 矩形齿状光栅运动　　　　　(b) 三角形齿状光栅运动

图 3-47　矩形齿状和三角形齿状光栅运动

(2) 三角形齿状光栅运动，如图 3-47(b)所示，采用三角形齿状光栅运动时，打印机的运动部件一直做 $X-Y$ 方向的合成运动，在运动线的两端，无短线段运动区域，因此特别适合于工件薄壁的填充(见图 3-48)。

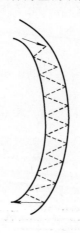

图 3-48　用三角形齿状光栅运动填充薄壁

采用矩形齿状光栅运动填充有内孔的截面时，可能出现下列两种填充路径：

(1) 连续型填充，如图 3-49(a)所示。采用连续型填充时，路径尽可能连续，因此，在运动部件运动的情况下，很少需要关断、开启挤压喷头，但是，运动部件必须频繁换向。

(2) 间断型填充，如图 3-49(b)所示。采用间断型填充时，在运动部件运动的情况下，必须频繁关断、开启挤压头喷头，但是，运动部件不必频繁换向。

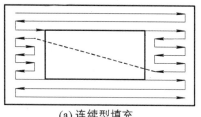

(a) 连续型填充

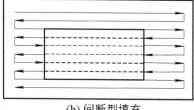

(b) 间断型填充

图3-49 连续型与间断型光栅运动填充

2) 仿轮廓线运动式

采用仿轮廓线填充时(见图3-50)，截面的填充路径尽可能与工件的内外轮廓线相似，因此，路径的连续性好，能缩短填充时间，提高成形品质。

图3-50 仿轮廓线填充

3.3.5 打印参数

打印参数是指操作者在使用打印机成形工件时可以调整的参数，这些参数有以下几类：

(1) 能量参数，例如加热功率(温度)。

(2) 运动参数，例如运动部件的运动参数(位移、速度和加速度特性曲线)。

(3) 打印分辨率，例如喷嘴直径、切片间距。

(4) 工艺性参数，例如有关成形路径与宽度、送料速度的参数。

1. 能量参数及其影响

采用 FFF 3D 打印机成形工件时，挤压喷头的加热温度是可以调整的，这个温度值与挤料速度的正确匹配能保证进入挤压头的塑料丝处于适度的熔融状态，并能顺利地从喷嘴中挤出合格的丝料。显然，如果挤压头的温度过低、挤料速度过高，那么，进入挤压头的塑料丝来不及良好熔融就被挤出，从喷嘴出来的丝料较脆，一拉就断，成形的工件中会有大量的小孔洞，组织很疏松(见图3－51)；显然，如果挤压头的温度过高、挤料速度过低，那么，进入挤压头的塑料丝熔化过度，甚至成为液态而被挤出，从喷嘴出来的丝料就会藕断丝连，沉积后横向展宽严重，导致成形的工件表面凹凸不平，支撑结构过于密实，难以和工件分离(见图3－52)。出现上述情况时，操作者应适当调整挤压头的温度和挤料速度的设定值，使他们之间能良好匹配。

图3－51　工件中出现大量的小孔洞

图3－52　工件表面凹凸不平，
支撑结构过于密实

2. 运动参数及其影响

无论哪种类型的打印机都有$X-Y$运动部件，因此，都存在运动参数(位移、速度和加速度特性)及其影响的问题。对于打印机的操作者而言，可以选择的运动参数一般有速度和加速度。这两个参数对成形的影响主要表现为成形时间(成形效率)与工件品质。

过低的运动速度与加速度必然导致过长的成形时间(过低的成形效率)，这是应该尽量避免的。较高的运动速度与加速度可以缩短成形时间，提高成形效率，但是，过高的运动速度与加速度会使成形工件的品质下降，其中最常见的有工件轮廓的急剧拐弯处出现明显的超调痕迹。由于运动部件必然有一定的惯性，因此，在工件轮廓的急剧拐弯处，应对运动部件的速度曲线进行优化处理，但是，过高的运动速度与加速度还是会造成

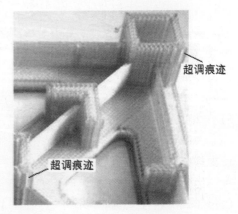

图3－53　运动超调导致的缺陷

超调，即：轮廓线局部向外不规则地扩张(见图3－53)。为此，必须适当降低运

动速度与加速度。

3. 打印分辨率及其影响

打印机的喷嘴尺寸、切片间距是与打印分辨率有关的参数，其中切片间距及其影响前面已讨论，此处不再赘述。

喷嘴的内径尺寸是影响成形分辨率的一个重要参数，在 FFF 3D 打印机上喷嘴的内径通常为 0.4 mm，由于内径对塑料丝的挤出阻力有很大的影响，因此，喷嘴的内径不能太小，否则需要很大的挤压功率，难以实现。

4. 工艺性参数及其影响

1）工件的轮廓补偿值与填充路径宽度

由喷嘴挤出的塑料丝有一定的规格，在正常情况下，挤出塑料丝的宽度 w 约等于喷嘴内径。因此，为确保工件轮廓线的尺寸精度，打印外轮廓线时，喷嘴的中心应相对理论外轮廓线向内偏置；打印内轮廓线时，喷嘴的中心应相对理论外轮廓线向外偏置。上述两个偏置值统称为工件的轮廓补偿值，等于半个丝宽（或喷嘴的内半径），即 $0.5w$，如图 3-54 所示。

在工件截面的内外轮廓线之间，应进行适当的填充，相邻填充路径的间距称为填充路径宽度。根据工件的致密性

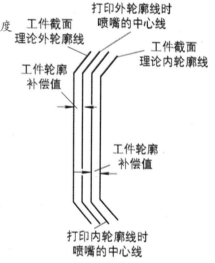

图 3-54　工件的轮廓补偿值

要求，可以选择不同的填充路径宽度。当工件的致密性要求较高时，填充路径宽度应选为略小于半个丝宽（即 $0.5w$）；当要求缩短成形时间、减轻工件的重量时，填充路径宽度可选用较大的数值。

2）支撑结构的补偿值与栅格宽度

为便于支撑结构与工件分离，应在工件与支撑结构之间设置支撑补偿值，使支撑结构与工件的侧面形成适当的间隙，如图 3-55 所示。

为使支撑结构有一定的强度和刚度，在打印完毕后又易于剥离，支撑结构的相邻成形路径之间应有适当的间距，此间距称为栅格宽度。若栅格宽度取值较大，成形的支撑结构较疏松，容易剥离，并能缩短成形时间，但若取值过大，易造成支撑结构之上的工件成形面粗糙，支撑结构的强度和刚度不足；若栅格宽度取值较小，成形的支撑结构密实，不易剥离。

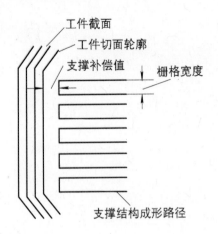

图3-55 支撑结构的补偿值与栅格宽度

3）挤料速度

在保证有足够加热功率的前提下，提高挤压喷头的挤料速度能增加工件和支撑结构的强度与密度，容易在支撑上成形工件；但若挤料速度过高，在工件的表面及侧面会出现材料溢出现象，导致表面粗糙，支撑结构与工件不易分离。适当降低挤料速度，能提高工件的表面品质，使轮廓线更清晰，支撑结构与工件易于分离，但工件的密度和强度也会有所降低。

3.3.6 打印件的品质分析与检验

1. 影响打印件品质的因素

打印工件时，由于需要将复杂的三维加工转化为一系列简单的二维加工的叠加，因此，打印件的品质（精度、表面质量等）主要取决于二维（$X-Y$）平面上的制作品质以及高度（Z）方向上的系列叠加品质。从打印机本身而言，完全可以将 X、Y、Z 3个方向的运动位置精度控制在微米级的水平，有可能得到品质相当高的打印件。然而，影响打印件最终品质的因素不仅有打印机本身的精度，还有一些其他的因素，而且，往往这些其他因素更难以控制。

影响打印件最终品质的主要因素有如下几个方面。

1）三维CAD模型的前处理造成的误差

FFF 3D打印机运行的主要依据是，对于工件STL格式化后的三维CAD模型切片所得的一系列截面轮廓数据。如此经过前处理的近似数据与理论数据必然存在误差，这是因为：

（1）STL格式化是用一些小三角面去逼近工件模型的表面，由于小三角面的数量有限，尺寸不可能太小，因此会导致误差。

(2) 对 STL 格式模型文件进行切片处理时，为获得较高的打印效率，切片间距不可能太小，因而会在工件表面造成台阶，还可能丢失两相邻切片层之间的小特征结构(如窄槽、小筋片、小突缘等)，从而造成误差。

2) 打印机的误差

打印机的 X、Y 和 Z 方向运动的直线度、垂直度、运动定位精度、工作台的平面度和平行度以及运行参数(打印速度、喷头加热温度等)，都会直接影响打印件的形状和尺寸精度。

FFF 3D 打印机喷头的喷嘴直径对于打印件的精度有重要影响，显然，喷嘴愈小，打印件的精度愈高，能打印的最小特征尺寸愈小，但由于受喷头加热功率和挤出力的限制，喷嘴的直径不能太小，通常为 0.4 mm，因此 FFF 3D 打印件的精度也受到限制。

3) 打印过程中的误差

打印过程中，有多种原因导致误差。

(1) 原材料状态的变化。打印时，原材料由固态变为熔融态再凝结成固态，而且同时伴随加热作用，这会引起打印件的形状、尺寸发生变化。

(2) 不一致的约束。由于工件结构、形状的复杂性，叠加成形又是逐层、逐步进行的，因此，每一层都会受到上、下相邻层的不一致的约束，导致复杂的内应力，使打印件产生翘曲变形。

(3) 叠层高度的累积误差。由于测量方面的困难，不便实测正在打印的叠层相对工作台的绝对总高度，而是测量每一层新增加的高度，并由此计算出叠层的累积绝对总高度，根据这个高度对 STL 模型进行切片，得到相应的截面轮廓，然后打印该截面。显然，用上述方法算出的叠层的累积绝对总高度可能与实际值有差别，从而导致切片位置(高度)错位，打印的轮廓产生误差。

(4) 工艺参数不稳定。在长时间打印或打印大工件时，可能出现工艺参数(如温度、压力、功率、速度等)不稳定的现象，从而导致层与层之间或同一层的不同位置处的成形状况出现差异。

4) 打印成形后环境等变化引起的误差

从打印机上取下已成形的工件后，由于温度、湿度等环境状况的变化，打印件可能继续变形并导致误差。打印过程中残留在打印件内的残余应力，也可能由于时效的作用而松弛并导致误差。

5) 打印件后处理不当造成的误差

通常，打印后的工件需进行支撑结构剥离并对工件进行打磨、抛光和表面喷涂(镀)等后处理，如果处理不当，对工件的形状、尺寸控制不严，也可能导致误差。

由于受上述诸多因素的影响，FFF 3D打印机成形件的尺寸精度通常为

(1) 对于小尺寸：± 0.1 mm$\sim \pm 0.2$ mm。

(2) 对于大尺寸：± 0.0015 mm/mm，例如对于 200 mm 的尺寸，精度为 $\pm 0.0015 \times 200 = \pm 0.3$ mm。

2. 打印件品质检验

FFF 3D打印机的打印件品质检验有两种方法：典型打印件检验和综合打印件检验。

1）典型打印件检验

目前，有以下几种建议的典型打印件：圆盘台阶、桥接阶梯、悬垂斜坡、圆柱插件、尖塔、方盒和方管。

(1) 打印如图 3-56 所示的圆盘台阶后，检测其中每个圆盘 X 向和 Y 向直径的误差，并按以下规则打分：

① 若 X 向和 Y 向的直径差大于 0.4 mm，得分为 1。

② 若 X 向和 Y 向的直径差介于 0.3 mm 和 0.4 mm 之间，得分为 2。

③ 若 X 向和 Y 向的直径差介于 0.2 mm 和 0.3 mm 之间，得分为 3。

④ 若 X 向和 Y 向的直径差介于 0.1 mm 和 0.2 mm 之间，得分为 4。

⑤ 若 X 向和 Y 向的直径差介于 0 mm 和 0.1 mm 之间，得分为 5。

(2) 打印如图 3-57 所示的桥接阶梯后，检测其中是否有边缘线材下垂或悬挂的塑料丝，并按以下规则打分：

① 若有悬挂的塑料丝，得分为 1。

② 若只有最长的两个桥接间有悬挂的塑料丝，得分为 2。

③ 若所有的桥接间都没有悬挂的塑料丝，但都有边缘线材下垂，得分为 3。

④ 若最短的两个桥接间没有任何边缘线材下垂，得分为 4。

⑤ 若所有的桥接都没有边缘线材下垂，得分为 5。

图 3-56 圆盘台阶

图 3-57 桥接阶梯

（3）打印如图 3-58 所示的悬垂斜坡后，检测其中每个悬垂斜坡的状况，并按以下规则打分：

① 若无法成功打印悬垂斜坡，得分为 1。

② 若可以打印悬垂斜坡，但 60°和 70°处有线材边缘下垂和塑料丝溢出，得分为 2。

③ 若只有 70°的悬垂边缘有线材下垂，得分为 3。

④ 若无任何线材下垂，在 60°和 70°处表面、30°和 45°处表面只有微小的差异，得分为 4。

⑤ 若 4 个悬垂斜坡的表面无太大的差异，得分为 5。

（4）打印如图 3-59 所示圆柱插件后，检测其中每个圆柱插件是否可顺利取出，并按以下规则打分：

① 若无法取出一个圆柱插件，得分为 0。

② 若可取出半径为 0.6 mm 的圆柱插件，得分为 1。

③ 若可取出半径为 0.5 mm 和 0.6 mm 的圆柱插件，得分为 2。

④ 若可取出半径为 0.4 mm、0.5 mm 和 0.6 mm 的圆柱插件，得分为 3。

⑤ 若可取出半径为 0.3 mm、0.4 mm、0.5 mm 和 0.6 mm 的圆柱插件，得分为 4。

⑥ 若可取出全部圆柱插件，得分为 5。

图 3-58 悬垂斜坡

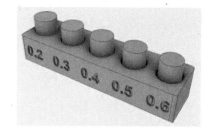

图 3-59 圆柱插件

（5）打印如图 3-60 所示的尖塔后，检测其中每个尖塔的状况，并按以下规则打分：

① 若因喷头堵塞未挤出线材而无法成形尖塔，得分为 1。

② 若尖塔之间有许多塑料残留，得分为 2。

③ 若尖塔已成形，尖塔之间有少量塑料残留，得分为 3。

④ 若尖塔已成形，尖塔之间无塑料残留，但尖塔表面不够光滑，有阶梯或隆起，得分为 4。

⑤ 若尖塔已成形，尖塔之间无塑料残留，尖塔表面无阶梯或隆起，得分为 5。

（6）打印如图 3-61 所示的方盒后，检测其中拐角和表面状况，并按以下规则打分：

① 若拐角处凹凸不平，或表面有下凹，则打印检测失败，得分为 0。

② 若拐角处无凹凸不平，则打印检测通过，得分为 2。

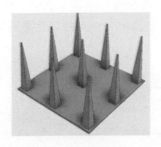

图 3-60　尘塔

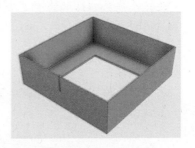

图 3-61　方盒

（7）打印如图 3-62 所示的方管后，检测其中表面状况，并按以下规则打分：

① 若方管上半部有凹损，或有明显的水平隆起，则打印测试为失败，得分为 0。

② 若无凹损，则打印测试通过，得分为 2。

以上 7 项典型打印件检测得分之和为检测总分。

2）综合打印件检验

为综合检测打印品质，建议打印如图 3-63 所示的综合特征模型，其特征如下：

图 3-62　方管

（1）基板尺寸：50 mm×50 mm×4 mm。

（2）3 个通孔的直径分别为 3 mm、4 mm 和 5 mm。

（3）螺母尺寸：M4，可精确匹配。

（4）金字塔、锥体：各种尺寸。

（5）曲面：波浪形、半球。

（6）各特征的壁与壁之间的最小距离：0.1 mm、0.2 mm、0.3 mm、0.4 mm、0.5 mm。

（7）悬臂角度：25°、30°、35°、40°和 45°。

图 3 - 63　综合特征模型

3.4　熔丝制造式 3D 打印机操作

下面以太尔时代公司生产的桌面级 UP min FFF 3D 打印机(见图 3 - 64)为例说明打印机的操作过程。

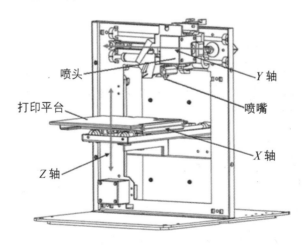

图 3 - 64　UP min 打印机结构

1. 启动程序

点击桌面上的图标，程序会打开如图 3 - 65 所示主菜单，其上部工具栏及其说明见图 3 - 66。

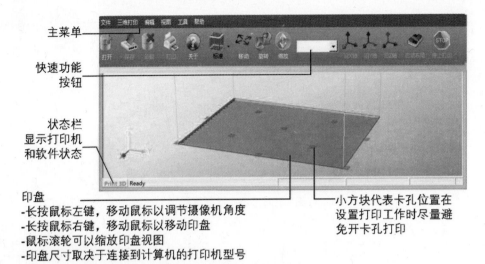

主菜单

快速功能
按钮

状态栏
显示打印机
和软件状态

印盘
-长按鼠标左键,移动鼠标以调节摄像机角度
-长按鼠标右键,移动鼠标以移动印盘
-鼠标滚轮可以缩放印盘视图
-印盘尺寸取决于连接到计算机的打印机型号

小方块代表卡孔位置在
设置打印工作时尽量避
免开卡孔打印

图 3-65　主操作菜单

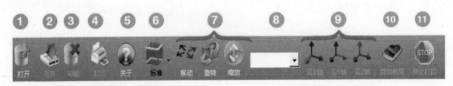

1. 开启:载入模型
2. 保存:将模型保存为.UP3,这是UP打印机的专用3D文件格式
3. 卸载:卸载所选的模型
4. 打印:打印当前印盘
5. 关于:显示软件版本,打印机型号,固件版本等等
6. 视角:多个透视图预置
7. 摆放调整:移动、旋转、缩放
8. 设置调整值
9. 设置调整方向
10. 自动放置:将模型放在印盘中心及表面。如果存在一个以上的模型,软件就
    将优化它们的位置和相互之间的距离
11. 停止:如果连接到打印机,点击此处将会停止打印过程(不能恢复)

图 3-66　主菜单工具栏及其说明

2. 载入需打印的 3D 模型

　　点击图 3-65 所示主菜单中"文件→打开"或工具栏中的"打开"按钮(见图
3-67)。

　　选择需打开的 3D 模型,如图 3-68 所示,将鼠标移到模型上,点击鼠标左
键,模型出现在印盘上,如图 3-69 所示。

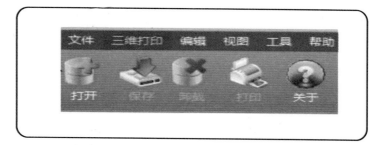

图 3-67 点击工具栏中打开按钮

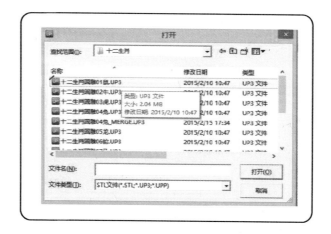

图 3-68 选择需打开的 3D 模型

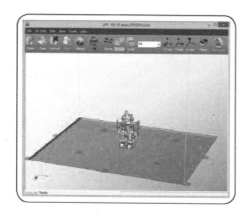

图 3-69 模型出现在印盘上

3. 编辑文件视图

点击主菜单栏编辑选项，可进行模型的旋转（见图 3 - 70）、复制（见图 3 - 71）、移动（见图 3 - 72）和缩放（见图 3 - 73）。

① 点击模型进行选择

② 点击移动按钮

③ 在下拉菜单中选择距离值

④ 选择一个轴方向移动模型

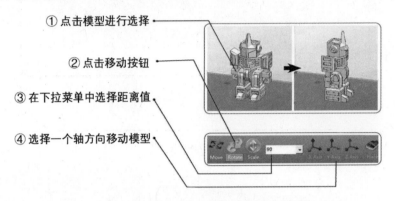

图 3 - 70　旋转模型

① 点击选择模型

② 在选择之后，右击打开菜单

③ 在插入副本菜单中，选择要复制的副本数量

图 3 - 71　复制模型

① 点击模型进行选择

② 点击移动按钮

③ 在下拉菜单中选择距离值

④ 选择一个轴方向移动模型

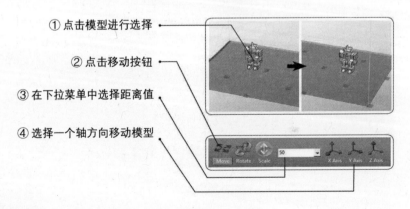

图 3 - 72　移动模型

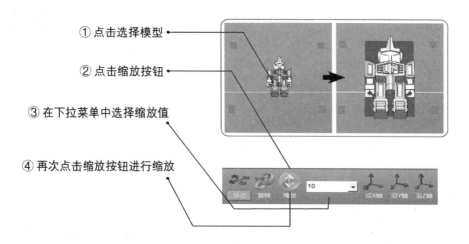

① 点击选择模型

② 点击缩放按钮

③ 在下拉菜单中选择缩放值

④ 再次点击缩放按钮进行缩放

图 3 - 73　缩放模型

4. 设定打印参数

打印参数图解如图 3 - 74 所示，可设定的打印参数如图 3 - 75 所示。

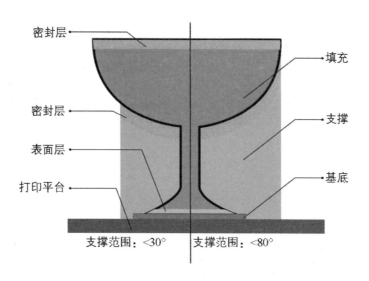

密封层

填充

密封层

支撑

表面层

打印平台

基底

支撑范围：<30°　　支撑范围：<80°

图 3 - 74　打印参数图解

135

1. 层片厚度:
   每层打印厚度,该值越小,生成的细节越多

2. 密封表面:
   角度:决定密封层生成范围
   表面:模型底层数量

3. 支撑:
   密封层:选择密封层厚度
   间距:设置支撑结构的密度,该值越大,支撑结构疏
   面积:如果需要支撑面积小于该值,则不产生支撑(可
   以通过选择"仅基底"关闭支撑)

4. 稳固支撑:产生更稳定的支撑,但是更难剥除

5. 填充:照片显示了4种不同的填充效果

图 3 - 75　可设定的打印参数

5. 打印

打印前,需要初始化打印机,为此,点击主菜单下的初始化选项(见图
3 - 76)。当打印机发出轰鸣声时,初始化开始,喷头和打印平台将返回打印机
的初始位置,到位后将再次发出轰鸣声。然后,点击如图 3 - 77 所示的"打印",
打开打印预览窗口(见图 3 - 78),点击"确定",开始打印,程序将处理模型,并
将数据传输到打印机。

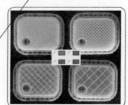

图 3 - 76　初始化

图 3 - 77　点击"打印"

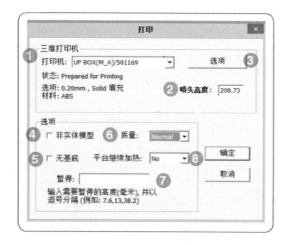

图 3 - 78　预览窗口

数据传输完成后,将在弹出窗口中显示模型所需的材料重量和预计打印时间(见图 3 - 79)。同时喷嘴开始加热,然后开始打印,打印进度显示在 UPBOX 字母上方的 LED 进度条上(见图 3 - 80)。

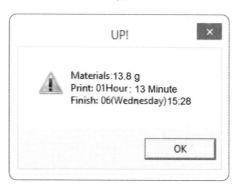

图 3 - 79　显示模型所需材料重量和预计打印时间

图 3-80　LED 进度条

6. 打印暂停

暂停打印的操作步骤如图 3-81 所示。

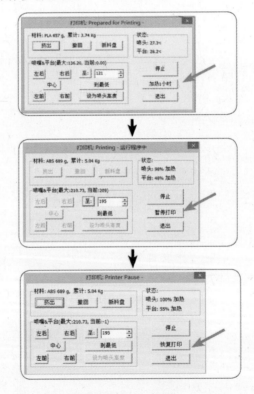

图 3-81　打印暂停

在打印期间，机器可以通过维护面板暂停。

当打印机空闲时，在"停止"按钮下面有一个平台"加热 1 小时"按钮。按下此按钮将使平台加热一小时。

当打印机开始打印时，工作台"加热 1 小时"按钮将消失。按钮将在底座打印完成后重新出现，但按钮将变成"暂停打印"，这表示现在可以使用暂停功能。按下此按钮，打印机将暂停打印工作，并且按钮将变为"恢复打印"，用于恢复打印工作。

当打印工作暂停时，维护界面上的其他按钮将变为可用。用户可以使用"撤回"和"挤出"按键更换丝材，或通过位置按钮和"到达"按钮移动打印头和打印平台。

7. 取出打印件

打印完成后，打印机会发出轰鸣声，喷嘴后打印平台停止加热，然后可取出打印件。

3.5 熔丝制造式 3D 打印机使用的成形材料

FFF 3D 打印机使用的成形材料为热塑性塑料丝。Stratasys 公司生产的 FFF 3D 打印机采用以下几种丝料：

(1) ABS 丝。ABS 丝是最常用的一种熔挤成形材料，它有多种颜色。用 ABS 丝制作的成形件可以达到 ABS 粒料注射成形件强度的 $70\%\sim80\%$，耐热度可达 $93℃\sim104℃$。

(2) ABSi 丝。ABSi 丝是一种半透明、略带红色的熔挤成形材料。与 ABS 丝相比，ABSi 丝有一定的透明度和较高的耐撞击能力。

(3) 聚碳酸酯(PC)丝。PC 丝是一种白色的熔挤成形材料，它的负载能力强于 ABS 丝，适用于成形耐高冲击的工件。用 PC 丝打印的成形件可以达到并超过 ABS 粒料注射成形件的强度，其耐热度可达 $125℃\sim145℃$。

(4) 聚苯砜 (PPSF) 丝。与其他熔挤成形材料相比，PPSF 有更好的耐热性、强韧性与抗化学性，其耐热度可达 $207℃\sim230℃$。

(5) PC - ABS 丝。PC - ABS 是一种 PC 和 ABS 的混合物，它具有 PC 的强度和 ABS 的韧性，性能明显强于 ABS。

(6) 尼龙丝。尼龙有很高的机械强度，其软化点高、磨擦因数小，有自润滑性、吸振性和消声性，并耐热、耐磨损、耐油、耐弱酸、耐碱和一般溶剂。

(7) 合成蜡丝。在材料挤压式打印机上，用合成蜡丝做原材料可直接制作失蜡铸造用的蜡模。

在材料挤压式打印机上用上述丝料成形工件时应注意以下两点：

(1) 为避免成形时工件的翘曲变形，必须围绕挤压头和工作台设置封闭的保温成形室，并使其中的温度在成形过程中保持恒定(一般为 $70℃$)。

(2) 上述丝料易于吸收空气中的湿气，因此，存储时应将其密封并保存在干燥的环境中。如果丝料长时间暴露在空气中，则应首先将其置于烘箱中烘干，否则成形时会在工件中出现许多气泡。

在双喷头 FFF 3D 打印机上，可采用聚乙烯醇(PVA，白色树脂)作为支撑材料，用这种材料成形的支撑结构可置于约 $80℃$ 的热水中溶解(见图 3-82)。

热水

PVA 支撑结构

图 3-82　在热水中溶解 PVA 支撑结构

MakerBot 公司生产的 FFF 3D 打印机采用如下 4 种塑料丝材：① ABS 丝材；② 聚乳酸(PLA)丝材；③ 柔性丝材，这种材料在 $60℃$ 时会变得柔软易弯曲，可用于成形弹性要求较高的工件(例如人体器官模型、假肢)；④ 可溶解丝材(Dissolvable filament)，这种材料浸泡在柠檬油精(柠檬烯)中 $8\sim24$ h 可完全溶解，用于成形支撑结构。与在热水中可溶解的支撑材料聚乙烯醇相比，MakerBot 的可溶解丝材不易堵塞喷嘴。

聚乳酸的玻璃化转变温度为 $60\sim65℃$，熔点为 $150\sim160℃$。聚乳酸是一种用玉米制成的可生物降解塑料，与 ABS 塑料相比，用于打印成形时有以下优点：

(1) 加热熔融聚乳酸时，不像加热熔融 ABS 时那样会发出难闻的气味。

(2) 用聚乳酸打印成形时，成形件的翘曲变形较小，不必对成形室或基板采取加热保温措施。

(3) 聚乳酸成形件废弃后可通过自然分解、堆放、焚化等方式快速降解，最终生成二氧化碳和水，不污染环境，因此聚乳酸是一种具备良好使用性能的绿色塑料。但是与 ABS 相比，聚乳酸较脆，然而经过短时间冷却后，聚乳酸成形件具有一定的柔韧性。

苏州聚复高分子材料有限公司开发了 FFF 3D 打印机用的聚乳酸丝材 PolyPlus PLA，以及改性的聚乳酸丝材，例如：高强度聚乳酸丝材 PolyMax PLA、高柔性聚乳酸丝材 PolyFlex PLA、形状记忆聚乳酸丝材 PolyMorph PLA。图 3-83 和图 3-84 所示分别是 PolyPlus PLA 和 PolyMax PLA、ABS

的主要特性参数比较。由这两个图可见，对于弯曲模量、抗弯强度、抗拉强度和冲击强度等 4 个参数，PolyMax PLA 比 PolyPlus PLA 有较大的提高，PolyMax PLA 比 ABS 也有所提高。

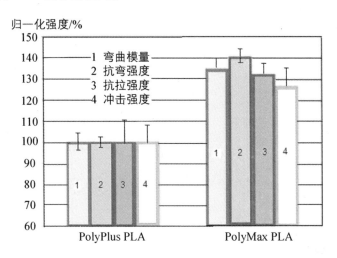

图 3-83　PolyPlus PLA 和 PolyMax PLA 的主要特性参数比较

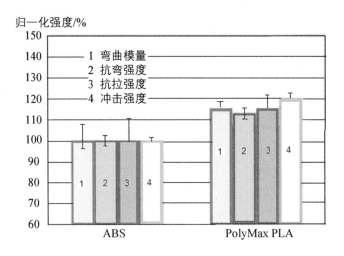

图 3-84　PolyPlus PLA 和 ABS 的主要特性参数比较

图 3-85 所示是 Materialise 公司 T Roels 统计的 FFF、SLS 和 SLA 3 种打印机使用的塑料的拉伸模量与热变形温度的范围。由此图可见，就通常采用的塑料而言：

(1) SLS 打印机和 SLA 打印机采用的塑料的拉伸模量的范围很宽，其中，

SLS 打印机采用的塑料的拉伸模量从几兆帕至 6000 MPa，甚至超过 8000 MPa；SLA 打印机采用的塑料的拉伸模量从 1000 MPa 至超过 8000 MPa。而 FFF 打印机采用的塑料的拉伸模量范围相当窄，为 2000 MPa 左右。

(2) SLA 打印机采用的塑料的热变形温度范围较窄(约 60～100℃)，且处于较低温度区段；SLS 打印机采用的塑料的热变形温度范围较宽(约 60～170℃)，有较高温度区段的塑料；FFF 打印机采用的塑料的热变形温度范围较宽(约 80～180℃)，有较高温度区段的塑料。

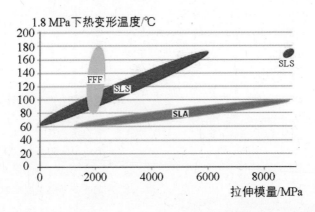

图 3-85　FFF、SLS 和 SLA 打印机使用的塑料的拉伸模量与热变形温度的范围

材料的拉伸模量是拉伸的应力与拉伸所产生的形变之比，它表征材料在拉伸时的弹性。对于产生相同数值的拉伸形变而言，当拉伸模量较小时，所需拉伸应力较小，即材料易于伸长，拉伸弹性较好；当拉伸模量较大时，所需拉伸应力较大，即材料不易发生伸长形变，抵抗拉伸变形的能力较强，拉伸刚性较好。SLS 打印机和 SLA 打印机采用的塑料的拉伸模量范围很宽，拉伸模量的数值从很小至很大，这表明 SLS 打印机和 SLA 打印机采用的塑料既有拉伸弹性很好的塑料，也有抵抗拉伸变形能力很强的刚性塑料。FFF 打印机采用的塑料的拉伸模量范围相当窄，且处于较低拉伸模量的数值段，这表明 FFF 打印机采用的塑料的拉伸弹性较好，但是抵抗拉伸变形的能力不够强，缺少拉伸刚性较好的塑料。

塑料的热变形温度是对塑料施加一定的负荷，以一定的速度升温，当达到规定形变时所对应的温度，它是衡量塑料的热稳定性(耐热性)的重要指标。考虑到安全因素，塑料的短期使用之最高温度通常应保持低于热变形温度 10℃ 左右，以确保不致因温度而使塑料变形。SLA 打印机采用的塑料的热变形温度处于较低温度段，而 FFF 打印机和 SLS 打印机可采用热变形温度较高的塑料。

这表明 SLA 打印机采用的塑料的耐热性不如 FFF 打印机和 SLS 打印机采用的塑料好。

此外，FFF 3D 打印机还可使用陶瓷丝料，为此可将陶瓷粉和有机黏结剂(如聚合物、蜡)相混合，使陶瓷粉均匀地悬浮于黏结剂中，用挤出机或毛细管流变仪将混合料做成陶瓷丝料。

3.6　熔丝制造式 3D 打印的典型应用

3.6.1　FFF 3D 打印在汽车工业中的应用

与其他大型 3D 打印机相比，大型 FFF 3D 打印机具有机器成本和打印耗材价格较低的优势，因此非常适合制作汽车工业所需的塑料件，特别是大型塑料件。

1. 设计验证用样件

研制新型汽车时，通常需要对产品的设计可靠性和合理性(结构强度、零件的形状与尺寸匹配、安装方式等)进行验证，制作设计验证用样件，以便减少后期研制中的返工与风险。

例如，用 FFF 3D 打印机制作的组合仪表上的屏圈样件如图 3-86 所示。这种直径为 200～300 mm 的屏圈打印时间为 15～16 h，大大少于原来外包加工的时间(15 天左右)。

图 3-86　组合仪表上的屏圈样件

2. 制作专用工装

用 3D 打印机可以制作汽车生产线上所需的专用装配工具、测量工具和检具等。例如用 FFF 3D 打印机制作的安装宝马(BMW)汽车标牌的工具如图

3-87所示。

(a) 标牌

(b) 打印的安装工具

图 3-87　宝马汽车的标牌与打印的安装工具

　　在欧宝汽车公司的 Eisenach 工厂，使用 3D 打印机生产塑料装配工具已成为生产过程中越来越重要的组成部分，大约有 40 种 3D 打印的装配辅助工具和夹具用于新车型 Adam Rocks 的装配生产线(见图 3-88)。这种打印的工具和夹具能保证装配操作准确无误，而且价格更便宜(生产成本最高可消减 90%)，供应速度更快(几小时之内就可准备好)，重量更轻(最高可减轻 70%)，还可对其进行机械和化学处理，例如钻孔、研磨、砂磨、上漆、黏结或连接其他材料。例如，用打印的装配夹具——特定的固定用框架安装侧窗上的车名标识(见图 3-89)；用打印的进口导板安装挡风玻璃；用打印的工具拧紧门把手上的镀铬金属外壳和安装可自动升起的帆布敞篷车顶。

图 3-88　3D打印的装配辅助工具和夹具

图 3-89　3D打印的夹具用于安装
侧窗上的车名标识

3. 个性化定制零件

用 3D 打印机可以制作个性化的定制零件,例如,个性化车身外覆盖件、内外饰件(保险杠、座椅、仪表板)等(见图 3-90),以便满足不同客户的特殊要求。

图 3-90　打印的个性化座椅

3.6.2　FFF 3D 打印在生物医学中的应用

FFF 3D 打印可用于制作骨科手术辅具、手术预演模型、康复医疗矫形件等。

1. 骨科手术辅具

在骨科临床中,开槽一直以来都是靠手术医生的临床经验来确定位置,要求非常精细,如果开槽偏向内侧则会损伤骨髓,偏向外侧则会损伤动脉,因此,通常要求从业 10 年以上的骨科医生才能做这种手术。

采用 FFF 3D 打印技术制作出 PA(改性尼龙)导板(见图 3-91)后,就可以借助导板获得精确的开槽位置(见图 3-92),从而降低手术风险,工作 3～5 年的外科医生就可做这种手术。

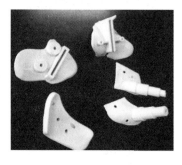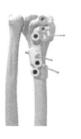

图 3-91　打印的 PA 手术导板　　　　图 3-92　借助导板获得精确的开槽位置

2. 手术预演模型

医生通过 FFF 3D 打印的手术预演模型(见图 3-93 和图 3-94)明确病灶与周围相关组织结构的关系，制定手术方案，使患者在术前充分了解手术方式，并可进行术前演练，优化手术路径，降低疑难手术的难度，缩短麻醉及手术时间，提高手术精确度，减少伤口面积、软组织损伤及术中出血、输血，促进术后恢复，使整体治疗效果更好。

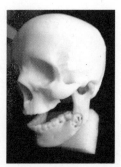

图 3-93　打印的骨质疏松和骨肿瘤　　　　图 3-94　打印的肿瘤患者的颅骨与
　　　　　　患者的骨盆模型　　　　　　　　　　　　　下颚骨模型

3. 康复治疗矫形件

通过定期采集患者的数据，用 FFF 3D 打印机可制作出完全匹配、针对性很强的精准矫形件(见图 3-95 和 3-96)，并且能缩短制造周期，降低制作成本，还可实时更换，对于加快矫正进程、提升治疗效果有显著优势。

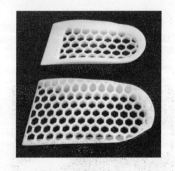

图 3-95　打印的小臂镂空夹具　　　　　　图 3-96　打印的扁平足矫正鞋垫

3.6.3　FFF 3D 打印在教育中的应用

1. 普及 3D 打印技术

3D 打印是智能制造的重要组成部分，是创新的强有力手段，是使我国成为制造强国的必需先进技术，为此应从教育入手，从娃娃抓起，在中小学生中普及 3D 打印技术。桌面级 FFF 3D 打印机具有体积小、操作简单、机器和耗材便宜等显著优势，非常适合用于教育培训，特别是中小学的学生教育。

　　近年来，我国的一些中小学和青少年活动中心已经开设了 3D 打印技术课程，有些还建立了 3D 打印技术培训室，其中采用的 3D 打印机多数为 FFF 3D 打印机(见图 3-97)。

图 3-97　用桌面级 FFF 3D 打印机普及 3D 打印技术

2.　制作课程学习 3D 模型

　　利用 FFF 3D 打印机制作生物、地理、化学、物理、历史等课程有关的 3D 模型(见图 3-98～图 3-100)，有助于学生更形象、更直观、更有兴趣地了解和掌握各门课程所涉及内容的基本原理。

图 3-98　打印的生物模型

图 3-99　打印的 DNA 模型

图 3-100　打印的行星齿轮模型

3. 增强 3D 思维能力

中小学生通常习惯于 2D 思维，通过 3D 构思(例如图 3-101 所示的复杂 3D 几何形体)、3D 建模和 3D 模型打印，完成从想象到实现的全过程，有利于培养学生的 3D 思维习惯，从而提升学生的整体思维能力和学习能力。

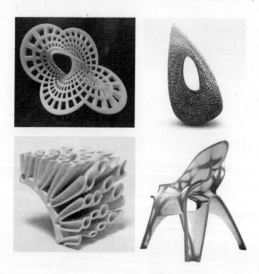

图 3-101　复杂 3D 几何形体模型

参考文献

［1］　王运赣，王宣. 3D 打印技术［M］. 武汉：华中科技大学出版社，2014

［2］　金烨，王运赣. 自由成形技术［M］. 北京：机械工业出版社，2012.

［3］　张富强，王运赣，孙健，等. 快速成形在生物医学工程中的应用［M］. 北京：人民军医出版社，2009.

［4］　郭书安，王运赣，宋健. 快速成形技术（技师）［M］. 北京：中国劳动社会保障出版社，2006.

［5］　北京太尔时代科技有限公司. UP 3D 打印 mini 使用手册.